Ifflands dram. W. 15. B.

Die Familie Lonau.

5. Aufz. 10. Auftr.

A. W. Ifflands
dramatische Werke

Funfzehnter Band.

Die Familie Lonau.

Scheinverdienst.

Leipzig,
bey Georg Joachim Göschen. 1802.

Die Familie Lonau.

Ein Lustspiel in fünf Aufzügen.

Personen.

Lonau, ehemals Präsident.

Seine Frau.

Albert, } deren Kinder.
Hans, }

Obrist von Weilert, auf Pension.

Sophie, seine Tochter.

Oberfalkenmeister von Bergenstein.

Kommerzienräthin Randel, Wittwe.

Unteroffizier Linde.

Ernst, Diener des Lonau.

Louis, Diener des Oberfalkenmeisters.

Erster Aufzug.

Ein halbdunkles Zimmer mit nicht gewöhnlichem Geräth. In einem großen Kamin lodert ein ausgebranntes Feuer. Auf dem Tisch eine Nachtlampe.

Erster Auftritt.

Ernst

in einem großen Sorgestuhl. Er dehnt sich, reibt die Augen.

Nun Gottlob! Es fängt mit Macht an zu tagen. Steht auf. Sapperment, es ist frisch. — Will denn weder Wagen noch Pferd den Berg hinaufkommen? Er geht an das Fenster. Alles still. — Unten im Thale liegt ein dichter Nebel über der ganzen Landschaft. Er macht das Fenster zu. Mich friert! Er wärmt die Hände am Kamin. Du scheinst, aber du wärmst nicht; gerade wie die Frau vom Hause! Er reibt die Hände. Ohne Zuspruch und Stärkung eine ganze mühselige Nacht auf einen grämlichen alten Patron warten, ob es ihm beliebt anzukommen oder nicht — es ist zu toll. Stellt die Arme in die Seite. Freylich ist der Obrist ein Ehrenmann und der älteste Freund meines ehrlichen Herrn — aber so lange hätte er nicht ausbleiben müssen! Er geht nach dem Stuhle zu Pst — holla — bellt da nicht ein Hund? — Richtig — ich höre fahren. — — Er hört genau zu. Nein, es ist der Morgenwind, der drüben über die Zinnen der alten Burg fährt. Er setzt sich Ich will hier im Stuhle abwarten, was es geben wird. Er legt sich, bequem zu ruhen. Ich bin oft genug aus der Ruhe gestört, und dann war es am Ende nichts als die Wetterfahne oder ein alter Kellerladen, der mich ans Fenster gerufen hatte. Er faltet die Hände und schließt die Augen. Er horcht auf. Es fährt doch etwas. Er steht auf.

Zweyter Auftritt.

Ernst. Oberfalkenmeister von Bergenstein. Louis.

Von außen hört man, aber ganz aus der Ferne, eine Stimme:

Kreutzhimmelmordtausendelement und der Teufel!

Louis. So nehmt doch Raison an.

Oberfalkenmeist. Keinen Groschen mehr!

Ernst. Was? Von den Stimmen kenne ich keine.

Stimme. Bin gefahren wie ein Leibkutscher! Und so ein Trinkgeld!

Oberfalkenmeister. Schuldigkeit.

Ernst macht das Fenster auf.

Louis. Heda, guter Freund! Macht eure Hausthür auf.

Ernst. Für wen?

Louis. Für uns.

Ernst. Wer ist Herr Uns? he!

Oberfalkenmeister. Insolent!

Louis. Ihr Gnaden Herr Oberfalkenmeister Freyherr von Bergenstein. Macht auf! — Wirds?

Ernst. So?

Oberfalkenmeister. Wohnt hier der Präsident von Lonau?

Ernst. Der ehemalige Präsident — ja. Er schläft noch.

Oberfalkenmeister. Gut. Ich will ihn nicht sehen.

Ernst. Er würde Sie auch nicht annehmen — denn er nimmt keine Fremde an.

Louis. Sey der Herr nicht naseweis.

Ernst. Sey der Herr höflich, denn Er steht draußen und ich bin mit dem Schlüssel inwendig.

Oberfalkenmeister. Ich möchte um keinen Preis in diesem Hause bleiben; Gott bewahre mich. Ich will mich nur etwas erhalen.

Ernst. Da — ich werfe den Schlüssel hinunter — mache Er auf. Ich komme mit dem Lichte. Er wirft den Schlussel hinunter. Was fange ich nur an? Was wollen die? Hier bleiben dürfen sie bey Gott nicht. Er geht mit dem Lichte hinaus.

Oberfalkenmeister von außen. Packt die Koffer ab, Louis.

Ernst von außen. Das verbitte ich.

Oberfalkenmeister von außen: Was?

Ernst von außen Sie können mein Seel nicht hier bleiben.

Oberfalkenmeister tritt ein. Komm Er herein.

Ernst kommt mit dem Lichte.

Oberfalkenmeister. Lasse Er sich doch ansehen.

Ernst. Wenns nicht zu lange dauert.

Oberfalkenmeister. Es ist bekannt, daß der Herr dieses Hauses mit der Maladie behaftet ist, von Niemanden Besuch anzunehmen. Auch will ich mich gleich davon machen. Wer ist Er?

Ernst. Nicht Ihr Knecht.

Oberfalkenmeister. Doch wohl ein Lakai?

Ernst. Ein Diener aus treuem Herzen.

Oberfalkenmeister. So? Aber doch für Geld!

Ernst.. Und gute Worte.

Oberfalkenmeister. Ihr wohnt hier auf einem vermaledeiten Berge!

Ernst. Er ist sehr hoch.

Oberfalkenmeister. Und so ganz allein?

Ernst. In dem alten Schlosse da gegenüber wohnt der Herr Obrist von Weilert.

Oberfalkenmeister. Zu dem will ich..

Ernst. Wir erwarten ihn stündlich aus der Residenz wieder zurück.

Oberfalkenmeister. Sein Herr war bey uns ehedem Polizey-Präsident.

Ernst. Daran ist er nicht gern erinnert.

Oberfalkenmeister. Er nahm vor funfzehn Jahren Knall und Fall den Abschied und zog hier auf den Berg! Da lebt er nun ganz allein?

Ernst. Ganz allein!

Oberfalkenmeister. Er ist doch (faßt an den Kopf) nicht recht — —

Ernst. Sehr wohl, wenn Niemand ihn besucht.

Oberfalkenmeister. Er thut wohl, als wären ihm die Menschen fatal?

Ernst — Wollen der Herr Baron ein wenig ruhen?

Oberfalkenmeister. Hier nicht. Ist die Präsidentin noch hübsch?

Ernst. Ihr ältester Sohn ist acht und zwanzig Jahr alt.

Oberfalkenmeister. Sind hübsche Mädchen hier auf dem Berge?

Ernst. Des Obristen Tochter.

Oberfalkenmeister. Die kenne ich. Die ist schön wie die Liebe. Ein Mädchen, die verdient, daß man eine Thorheit begeht.

Dritter Auftritt.

Vorige. Louis.

Louis. Euer Gnaden, der Postillon will das Trinkgeld nicht nehmen.

Oberfalkenmeister. So gebt ihm gar nichts. — Es ist zwey Groschen mehr als die Taxe, was ich geben will.

Louis. Er meint, es wäre eine doppelte Station.

Oberfalkenmeister. Nun ja. Aber ein Zweygroschenstück ist auch ein doppelter Groschen.

Louis. Er will nicht!

Oberfalkenmeister. Man muß den Menschen von seinem Unrecht überführen. Wo ist die Chatoulle? — Bringt meine Sachen her —

Ernst zu Louis, Thue der Herr das nicht. Herr Lonau leidet keine Besuche.

Oberfalkenmeister. Darnach die Besuche sind.

Ernst. Herr Baron — mein Herr ist die beste Seele von der Welt, aber neue Bekannte, neue Bücher und neue Weine duldet er nicht.

Oberfalkenmeister. Sage Er — oder sage man nur hernach, wer ich bin.

Ernst. Ich weiß die Antwort vorher: — Ich bin auf dem höchsten Berge im Lande mein eigner Herr! Gieb Essen und Trinken an die, welche es brauchen. Ich brauche Niemand und mich soll Niemand brauchen.

Oberfalkenmeister. Geht er denn gar nicht aus der Stube?

Ernst. Er lebt beynahe den ganzen Tag im Freyen.

Oberfalkenmeister. Und ist also total finster und — so gut als kettentoll?

Ernst. Er ist gewöhnlich sehr heiter und gesprächig.

Oberfalkenmeister. Ja nun, mit dem Herrn Lonau habe ich nichts zu thun, den Obristen muß ich besuchen. Aber — es ist niemand da als ein Paar alte Mägde — ich will denn doch hinüber.

Louis. Der Postillon — Euer Gnaden.

Oberfalkenmeister. Ich will dem hartnäckigen Mann das herrschaftliche Reglement vorlesen, woraus er sieht, daß zwey Groschen noch ein Beneficium sind.

Louis. Die Pferde zittern auf den alten Knochen —

Oberfalkenmeister. Das Alter!

Louis. Der hohe Berg —

Oberfalkenmeist. Bergan hab ich Schritt erlaubt —

Louis. Er ist doch so vorsichtig gefahren —

Oberfalkenmeister. Laßt mich nur die Chatoulle eröffnen, daß ich ihm das Reglement vorlese.

Ernst. Derweile der Postillon das Reglement genießt, kann der Herr die Pferde in unsern Stall ziehen. Ein Bund Heu, ein gesundes Brod —

Oberfalkenmeister. Ich zahle nichts.

Ernst. Ganz wohl.

Oberfalkenmeister. Für Niemand.

Ernst. Wohl.

Oberfalkenmeister. Weder Menschen noch Vieh. Mein Status ist gemacht. Kostgeld — sonst nichts. Aber fix auf den Beinen, allart gearbeitet, rasch und alles prompt. geht. Allons Louis.

Louis zu Ernst. Gott vergelt's für die drey Pferde-Seelen, denn die sehen sehr gegrämt aus dem einen Auge, was der Rappe für die andern hat!

Ernst. Was will denn der Herr hier?

Louis. Er will seine Hypothek besehen.

Ernst. Was?

Louis. Er hat dem Obristen Geld geliehen.

Ernst erstaunt. Dem Obristen?

Louis. Dreytausend Thaler.

Ernst. Nicht möglich!

Louis. Auf das verwünschte Schloß hier oben. Nebenbey ist er in des Obristen hübsche Tochter verliebt.

Ernst. Der steinerne Mann verliebt sich noch?

Louis. Er hält sich für bildschön.

Ernst. Sieht er nicht in den Spiegel?

Louis. Der Geldkasten steht unter dem Spiegel!

Oberfalkenmeister von außen. Louis!

Louis. Herr Gott, er ruft. geht.

Ernst. Warum dienen Sie dem Geizhalse?

Louis. Gleich Euer Gnaden. Ich bin zwischen Liebesbriefen, Parforcejagden, Versprechen, Bällen, Reisen, Lügen und Thürstehen gebrechlich geworden. Bey ihm stehe ich die halbe Kost aus, in Hoffnung eine Chaussee-Aufseherstelle zu bekommen, und wenn er nur das Wort hält, so will ich ihm einmal recht andächtig den Schlag aufziehen, wenn seine Leiche auf die Güter gefahren wird! geht.

Ernst. Da ehre mir Gott meinen Herrn! — Was er zusagt, hält er und thut noch mehr, als er zugesagt hat. Hätte vielleicht ein wenig mehr aus mir werden können — besser wäre ich doch nicht geworden. — Zwar habe ich meine brave Frau hier oben verloren — weil hier kein Arzt in der Nähe ist; meine Tochter muß ich Gott empfehlen und in der Stadt sie allein leben lassen; Menschen sehe ich nicht — aber ich sehe doch täglich den, der mir unter allen Menschen der liebste ist, meinen braven Herrn!

Vierter Auftritt.

Voriger. Unterofficier Linde.

Unterofficier. Grüße ihn Gott, Herr Ernst!

Ernst treuherzig auf ihn zu. Tausendmal willkommen, Kamerad!

Unterofficier sieht ihn an und geht hinaus.

Ernst. Was ficht denn den wieder an?

Unterofficier tritt in die Thüre. Den Kameraden lasse er mir weg!

Ernst lächelt. Nun nun! Ich meinte nur so — weil —

Unterofficier kommt näher. Was Er thut, ist aller Ehre werth, was Er meint, ist manchmal dumm Zeug.

Ernst. Ich denke, weil wir zwey braven Leuten dienen —

Unterofficier. Der Teufel dient! Ich thue dem Herrn Obristen Handreichung —

Ernst. Nun ja. Sie sind sein Freund —

Unterofficier. Nicht wahr das! Sein Unterofficier bin ich.

Ernst. Sind wir nicht Kriegskameraden, so sind wir doch manchmal Unglückskameraden.

Unterofficier. Was schwatzt Er?

Ernst. Geht es hier im Hause wunderlich zu: so geht es in Ihrem Hause kurios zu! Wir sind doch Freunde! Nicht?

Unterofficier. Zugestanden!

Ernst. Wo ist unser Herr Obrist? Er ist doch wohl? Ich habe die Nacht gewacht, auf ihn gewartet. Ich wecke Herrn Lonau, ich —

Unterofficier hält ihn fest. Noch nicht!

Ernst. Der Herr Obrist ist doch angekommen?

Unterofficier. Ja und nein!

Ernst. Es ist ein Kavalier angekommen — ein Gast des Herrn Obrist.

Unterofficier. Ist drüben angefahren.

Ernst. Der Herr Obrist ist doch gesund?

Unterofficier. Ja — und — nein!

Ernst. Ich gerathe in Angst —

Unterofficier. Ist noch nicht nöthig. — Will Er mich anhören?

Ernst unruhig. Ja — ach ja.

Unterofficier. So stehe Er still.

Ernst. Ja.

Unterofficier. So. Nun will ich reden. Der Herr Obrist hat seinen Anfall von Podagra bekommen.

Ernst. Habe ich das nicht gedacht? Aber da muß er Jahr aus Jahr ein zu dem verdammten Manoeuvre reisen —

Unterofficier. Das muß er, und davon soll man nicht albern reden. — Jetzt ist er unten im Orte bey dem Pastor.

Ernst. Bey dem Pastor? Und nun —

Unterofficier. Und nun läßt er Ihm sagen, daß er dießmal nicht allein kommt.

Ernst. Wie?

Unterofficier. Er hat Reisegesellschaft bey sich.

Ernst ängstlich. Du mein Gott!

Unterofficier. Davon soll Er Seinem Herrn Nachricht geben.

Ernst. Das soll ich thun?

Unterofficier. Er.

Ernst ereifert. Ist das auch recht? Der Herr Obrist kann wegen seiner Blessuren nicht mehr dienen, zieht da herauf in die Einsamkeit —

Unterofficier. Das wissen wir.

Ernst. Mein Herr ihm nach, kauft ihm den Platz ab, baut dieß Nebengebäude —

Unterofficier. Das sind alte Geschichten.

Ernst. Dabey wird ausgemacht — daß sie hier allein leben, keine Besuche annehmen wollen —

Unterofficier. Mein Herr Obrist hat die Besuche von Officieren ausgenommen —

Ernst. So? Und der Herr Oberfalkenmeister —

Unterofficier. War Officier.

Ernst. Der? Bey welchem Bischof?

Unterofficier. Ferner kömmt der älteste Sohn des Herrn Lonau.

Ernst unfreundlich. Der?

Unterofficier. Der logirt bey dem Herrn Obrist. Verstanden?

Ernst ärgerlich. Ach ja!

Unterofficier. Aber die Schwester der Madam Lonau wird mitkommen —

Ernst erschrocken. Was?

Unterofficier. Und die muß hier logiren.

Ernst. Die Kommerzienräthin? Herr Linde! die Hölle thut sich auf —

Unterofficier. Daß nun alles das ordentlich und in Frieden abgehe — das meint der Herr Obrist, soll Er in die Wege richten.

Ernst sehr unruhig. Ach du lieber Gott! Ich armer Mann — —

Unterofficier. Nun — wenn Er jetzt in Angst geräth, so — will ich denn weiter nichts dawider haben! Wo sind die Zeitungen für den Herrn Obrist?

Ernst faßt ihn. Herr Linde! — Einen guten Rath.

Unterofficier. Weiß keinen. — Die Zeitungen.

Ernst. Da liegen sie alle uneröffnet.

Unterofficier. Gott befohlen!

Ernst. Wenn nun Herr Lonau die Frau Schwägerin nicht annehmen will? Was wird der Herr Obrist sagen?

Unterofficier. Er wird sehr zornig werden. Er ist ohnehin jetzt etwas rappelköpfig.

Ernst. Was kann daraus werden!

Unterofficier. Das weiß ich nicht.

Ernst. Was denken Sie denn?

Unterofficier. Nichts.

Ernst. Aber —

Unterofficier. Ich parire der Ordre.

Ernst. Wenn sich nun die beiden besten Freunde entzweyen?

Unterofficier. Das wäre Schade.

Ernst. Was machen wir dann?

Unterofficier. Wir achten auf das Kommando.

Ernst. Wenn es nun über dem Handel so weit kommen sollte, daß sie hier von einander wegzögen? Was dann?

Unterofficier nach einer Pause. Dann wird es darauf ankommen, wer von beiden Theilen zuerst kommandiren wird — Marsch! —

Ernst erschrocken. Ey Herr Linde!

Unterofficier. Mit dem zieht seine Mannschaft ab! geht.

Fünfter Auftritt.

Ernst.

Das fehlte mir auch noch! Nach der nüchternen Nachtwache muß mir so ein Morgengruß geboten werden! — Schöne Geschichte! — Der Sohn, der dem armen Vater schon so manchen Aerger gegeben hat, und vollends die Frau Schwägerin —

Sechster Auftritt.

Ernst. Madam Lonau.

Madam Lonau inwendig. Was ist das für ein Lärmen? tritt ein. Was schreit Er von einer Frau Schwägerin?

Ernst. Sie kömmt.

Madam Lonau. Wer?

Ernst. Die Frau Kommerzienräthin.

Madam Lonau. Wer sagt das?

Ernst. Unterofficier Linde.

Madam Lonau. Ist der Obrist hier?

Ernst. Er kömmt.

Madam Lonau. Warum ist er nicht hier?

Ernst. Das Podagra hat ihn —

Madam Lonau. Wer kömmt mehr?

Ernst. Ihr Herr Sohn.

Madam Lonau. Gott sey tausendmal gelobt! — Warum brennt das Licht noch? Weshalb so viel Feuer im Kamin? Wer hat Ihm das Holz gegeben?

Ernst. Monsieur Hans.

Madam Lonau. Monsieur Hans — ist ein dummer Monsieur. Wie verschwendet der Mensch unser bischen Vermögen! Wo soll das hinaus? Lösche Er doch das Licht aus. — Wo hat der Herr das Podagra bekommen?

Ernst. Ich weiß nicht —

Madam Lonau. Welch eine Hitze! Hier muß für acht Tage Holz aufgegangen seyn! Hans ist ein gottloser Verschwender!

Ernst. Sein Herr Bruder mag freylich mehr gesammelt haben.

Madam Lonau. Ja das hat er. Wissen, Kunst und Urtheil! Pöbelseelen verstehen das nicht zu summiren. Kostet er einen Meyerhof, so hat er dafür gelernt, eine Welt zu beherrschen.

Ernst. Wenn sie ihm nur recht bald eingehändigt wird.

Madam Lonau. Hans ist ein Taugenichts.

Ernst. Nein Madam! Er ist der redlichste junge Mensch unter der Sonne! Das sage ich.

Madam Lonau. Weil Er es versteht, freylich!

Ernst. Ich verstehe alles, was von Herzen ausgeht!

Madam Lonau. Herzenskundiger und Herzensrath!

Ernst. Herzensfreund!

Madam Lonau. Ich habe Ihn noch nicht erbeten.

Ernst. Wer mich braucht, findet mich!

Madam Lonau. Liebesbriefe zu bestellen, Hausgeschichten umher zu tragen! — Es soll jetzt aber alles anders werden! — Nun warum antwortet Er nicht? Warum läßt Er mich dastehen und schweigt? Ich frage —

Ernst. Ich habe —

Madam Lonau. Was? Wie? Rede Er. Warum spricht Er nicht?

Ernst. Ich weiß wahrhaftig nicht, wie ich es anfangen sollte —

Madam Lonau. Weiß nicht? Er und Sein Liebling Hans wissen nichts. Aber meinen ehrlichen Mann zu verführen, zum Gelächter zu machen — das versteht ihr meisterlich!

Ernst. Madam!

Mad. Lonau. Mein Albert! Mein himmlischer Albert, Gottlob, daß du kömmst! Weiß es mein Mann schon?

Ernst. Nein! Ich soll es ihm sagen, meint der Herr Obrist.

Madam Lonau. Recht! Ganz recht! Jetzt gebe Er wohl Acht, was Er thut, denn wenn mein Mann ein verdrießlich Gesicht macht — so halten wir uns an Ihn. An Ihn habe ich gesagt. Wir! wir alle dreye, meine Schwester, mein Albert und ich!

Ernst. Aber —

Madam Lonau. Widerspreche Er nicht. Was hat Er sagen wollen?

Ernst. Gar nichts.

Mad. Lonau. Gott erhalte meinen Mann! Er ist ein braver Mann, ein grundguter, ehrlicher Mann! Aber —

Ernst. Das weiß Gott! seufzt.

Madam Lonau. Er seufzt? Was hat Er damit sagen wollen?

Ernst. Nichts als daß er — sehr gut ist.

Madam Lonau. Braucht Er mir das zu melden? Weiß ich das nicht ohne Ihn? Meint Er mir Trotz zu bieten mit Seiner zarten Versicherung? Kein Mensch liebt meinen Mann als ich, ich ganz allein —

Ernst. Jeder auf seine Weise —

Madam Lonau. Aber wie er einst seine Augen schließt - Gott lasse mich das Unglück nicht erleben! -- aber in demselben Augenblicke jage ich euch alle aus dem Hause. — Jetzt kann Er gehen und meinem Manne Seine Neuigkeiten erzählen. Nun — gehe Er fort!

Ernst geht.

Mad. Lonau da er an der Thür ist. Bleibe Er da! — Sie geht ein und ruft hinein Lonau — lieber Lonau — komm mein Schatz, Ernst hat mit Dir zu reden — So! Nun spreche Er recht aus dem Herzen. Geht aber etwas anders, als ich es will, so ist Er ein verlorner Mensch, das kann Er mir glauben. geht. Was? he!

Ernst deutet, daß er nicht geredet habe.

Madam Lonau. In den Himmel wünscht Er mich? Nicht wahr?

Ernst. Ich wollte, Sie fänden ihn auf der Welt.

Madam Lonau. So lange Er darauf ist, schwerlich! geht.

Siebenter Auftritt.

Ernst allein.

Könnte ich es nur über mein Herz bringen, den guten Mann mit dem Rumorgeist hier allein zu lassen — ich liefe jetzt, wie ich da bin, gerade aus dem Hause, in einem Lauf, Tag und Nacht, hin zu meiner Tochter. So ein Zank, wie über die Besuche entstehen wird, ist gewiß seit zehn Jahren nicht gewesen. Ich höre ihn die Treppe herunter kommen. — Wie soll ich ihm nur die Dinge bey=bringen? Er geht nachsinnend und sehr ängstlich umher, auf einmal bleibt er stehen. Ey — ich will es machen, wie der Unterofficier — ich will es an mich kommen lassen.

Achter Auftritt.

Ernst. Herr Lonau.

Lonau sehr gutmüthig. Meine Frau hat gerufen?

Ernst an sich haltend, doch mit Achtung und ohne zu schmollen. Ja.

Lonau. Ich fütterte nur noch meine Vögel. sehr freundlich. Nun, der Obrist ist angekommen —

Ernst. Nein! Noch nicht.

Lonau. Der Unterofficier macht ja drüben die Läden auf.

Ernst. Der Unterofficier ist da.

Lonau besorgt. Und der Obrist?

Ernst. Ist noch unten bey dem Pastor.

Lonau. Du bist verdrießlich — nun das kömmt von der Nachtwache.

Ernst. Die Nachtwache ist überwunden, aber des Unterofficiers Morgengruß ist es noch nicht.

Lonau. Ist dein alter Freund Linde ein wenig zu rasch angerückt?

Ernst. Die ihm nachfolgen, rücken zu stark an.

Lonau. Wie so?

Ernst. Der Herr Obrist bringt Besuch mit —

Lonau. Was ist das? ernsthaft.

Ernst. Einen ehemaligen Officier und Ihre Frau Schwägerin.

Lonau böse. Es ist nicht wahr.

Ernst. Sie kommt mit ihm.

Lonau. Der Obrist bricht sein Wort?

Ernst. Sie soll hier wohnen.

Lonau zornig. Durchaus nicht.

Ernst. Sie haben recht.

Lonau heftig Ich nehme sie nicht an.

Ernst im Begriff zu gehen. Ich will es ausrichten.

Lonau. Durchaus nicht.

Ernst. Ich sage es der Madam.

Lonau außer sich. Ich will von keinem Stadtbesucher wissen.

Ernst. Deshalb sind Sie ja hierher gezogen. geht.

Lonau mit dem Fuße stampfend. Ernst!

Ernst. Herr!

Lonau. Jedermann betrügt mich!

Ernst. Manchmal —

Lonau. So gar der Obrist!

Ernst. Dießmal leider!

Lonau. Nein, nein, nein! Es ist nicht wahr — der Obrist muß betrogen seyn, er betrügt nicht.

Ernst. Auch möglich.

Lonau. Der Obrist ist ein ehrlicher Mann —

Ernst. O ja.

Lonau. Der Obrist ist mein einziger Freund.

Ernst stark. Nein!

Lonau heftig. Was?

Ernst. Der Pastor —

Lonau. Ist nur ein Bekannter.

Ernst. Ihr Sohn Hans —

Lonau. Hans ist gut.

Ernst. Ich bin auch nicht schlecht.

Lonau verdrießlich. Du taugst —

Ernst. Was befehlen Sie?

Lonau. Nun du taugst — heute nichts.

Ernst. Was soll ich denn thun?

Lonau, nachdem er nach allen Seiten hingeblickt, wie einer, der Hülfe sucht. Fluchen sollst du!

Ernst. Innerlich geschieht es.

Lonau. Das hilft mir nichts. Er geht auf und ab. Ich möchte rasend werden. Ich — ich — so hilf mir doch, daß ich meinen Zorn los werde. geht umher.

Ernst gutmüthig. Lieber Herr — der Zorn ist schon vorüber.

Lonau geht umher. Nach einer Pause. Das ärgert mich auch. Hätte ich nur meinen Zorn immer länger behalten können —

Ernst So wären Sie weniger geliebt.

Lonau. Weniger betrogen. Die verdammte Gutheit! Alle Kinder, die ihr Spielzeug gern verleihen, ihren Kuchen den andern anbieten, die sollte die Obrigkeit einsperren auf Lebenslang. Aber die den andern ein Bein stellen, beym Verlosen die Theile wechseln, die Prügel, die ihnen gehören, auf andere bringen, wenn sie über einen Graben helfen sollen, die Hand loslassen, immer im Spiel Könige seyn wollen — das sind die Männer für die Welt!

Ernst. Ja, den Besuch werden Sie nicht los.

Lonau. Hier soll Niemand wohnen!

Ernst. So muß ich es der Madam sagen.

Lonau. Bleib da. Ich will fort — ich reise weg!

Ernst munter. Sie haben Recht.

Lonau lebhaft. Packe mein Nachtzeug zusammen

Ernst. Ja. geht.

Lonau. Meine Tabakspfeifen.

Ernst. Gut.

Lonau. Einige Bücher.

Ernst. Soll geschehen.

Lonau. Laß anspannen.

Ernst. Gleich?

Lonau lebhaft auf und nieder. Auf der Stelle!

Ernst. Wohl!

Lonau. Du fährst mit —

Ernst., Sehr gern.

Lonau. Hans bleibt hier.

Ernst lächelt Wird gern hier bleiben.

Lonau. Warum?

Ernst. Weil Fräulein Sophie wiederkömmt.

Lonau. Das liebt, das wird geliebt; das geht, kommt, bleibt — thut was es will. Nur ich werde gequält, verfolgt, habe weder Freude noch Willen. Ich armer, verlaßner, trostloser Mann! Er setzt sich.

Ernst. Wo wollen Sie hinreisen?

Lonau. Weiß nicht.

Ernst. Wann wollen Sie wiederkommen?

Lonau steht auf. Wann der Besuch fort ist.

Ernst. Das kann lange dauern.

Lonau. So bleibe ich lange weg.

Ernst. Das sind Sie nicht mehr gewohnt.

Lonau seufzt.

Ernst. Anderwärts werden Sie noch mehr Menschen sehen, als hier.

Lonau. Ich will keine sehen.

Ernst. Das wird doch nicht zu ändern seyn.

Lonau. Ich muß aber hier doch weg!

Ernst. Die Madam wird nachkommen.

Lonau. Schweig!

Ernst. Der Obrist wird sich betrüben.

Lonau. Er betrübt ja mich!

Ernst. Und dann kommt Ihr Herr Sohn mit dem Obristen —

Lonau. Albert! — Kommt Albert her?

Ernst. Ja.

Lonau. Ist gut.

Ernst. Nicht wahr?

Lonau. Aber das ist ein Komplott — Ich soll für ihn bezahlen.

Ernst. Wohl möglich.

Lonau. Geht nicht. Ich habe schon mehr für ihn bezahlt als recht ist.

Ernst. Das weiß Gott.

Lonau. Ich kann den Hans nicht bestehlen. — Aber sehen will ich den Albert. Weggehen darf ich nicht, da er kommt.

Ernst. Bey Gott nicht!

Lonau. Hm! Er hätte die Härte wohl verdient — denn er hat mich sehr betrübt. Aber fünf Jahre habe ich ihn nicht gesehen. — Jetzt weggehen, wäre doch zu hart.

Ernst. Gewiß!

Lonau. Ich sehe ihn gern einmal wieder — obschon er es nicht verdient. Denn seine Verschwendung, seine Prahlerey, sein Gezänk mit allen Gelehrten, seine unnützen Reisen, Schulden — und seine kalten Briefe — kommen aus einem kalten Herzen. Hans ist ein ganz anderer Mensch. Hans hat ein sehr gutes Herz; er hat mich lieb. Albert macht sich nichts aus mir.

Ernst. Sie bleiben also hier?

Lonau. Ich würde meine Frau kränken, wenn ich ginge. Und warum sollte ich das? Sie spricht manchmal wunderlich, aber sie meint es gut.

Ernst. So denke ich.

Lonau. Sie ist mir vor funfzehn Jahren doch hierher in die Einsamkeit gefolgt. Das hätte nicht jede Frau gethan. Dagegen zankt sie denn wohl ab und an —

Ernst. Das thut sie.

Lonau. Wenn sie nicht zankt, ist sie recht angenehm. freundlich. Wir müssen damit Geduld haben.

Ernst. Geduld haben.

Lonau. Jeder Vogel singt sein Lied.

Ernst. Es giebt auch Vögel, die schreyen.

Lonau. Das Zanken — lächelt, ist bey meiner Frau nur — eine Schnelligkeit der Gedanken und der Sprache.

Ernst. Sie ist sehr schnell, das ist wahr.

Lonau. Nun ich will den Besuch annehmen.

Ernst. Schön!

Lonau. Du bist ein Spitzbube —

Ernst. Nicht von der ärgsten Sorte.

Lonau. Hast mich überlistet.

Ernst. Aus Angst.

Lonau. Durch deine Einsilbigkeit, und wenn ich recht arg gelärmt habe, ists mit dem Zorn vorbey.

Ernst. Gottlob!

Lonau. Ich weiß dir das Dank! Du bist ein ehrlicher Kerl.

Ernst. Ja Herr.

Lonau. Mein sehr guter Freund!

Ernst. Bis in den Tod.

Lonau. Nun sage es draußen, daß ich zufrieden bin.

Ernst. Sogleich.

Lonau. Der Zorn ist doch eine häßliche Sache und das Zanken ist wahrlich recht ungesund. Ich freue mich, daß ich für heute meinen Theil gezankt habe. Es ist nichts mehr übrig in mir. Nun rufe sie alle her, meine Frau, den Albert, den Obrist — alle!

Ernst. Die Frau Schwägerin —

Lonau. Ja so! — seufzt. Die ist arg. Mit der kömmt alle Modethorheit, alle Intrigue des Hoflebens, Herrschsucht, Zank, Falschheit, Kälte, Geitz — Klatscherey — alles, weshalb ich die große Welt verlassen habe, steht mit ihr vor mir da. Nun Gott mag mir helfen, daß ich die auch überstehe. Es thut sich nicht anders.

Ernst. Sie sind immer recht gut, wenn Sie eben ein wenig zornig gewesen sind.

Lonau. Das mag wahr seyn.

Ernst. Das weiß man, und darum fürchte ich, man wird es benutzen, daß Sie zum fünftenmale für den Albert bezahlen.

Lonau. Nein. Das darf ich nicht. Meine Frau spart gern und ich lasse ihr die Freude, lasse mir eine Flasche Wein nach der andern abdisputiren, wenn ich sie auch noch so gern trinken möchte.

Ich gehe auf dem Berge herum und rauche meine Pfeife ganz vergnügt, wenn sie mir den Wein einsperrt. Aber das Wenige, was der Hans noch für sich übrig gelassen hat, das sperre ich ein. Hierin bleibe ich fest.

Ernst. Gottlob! Aber ich werde es büßen.

Lonau. Ey wenn der Lärm zu arg wird — so gehen wir ins Feld.

Ernst. Dort bin ich glücklich bey einem Wassertrunk, wenn Sie zufrieden sind. geht.

Lonau. Ich werde seiner Tochter einen Dukaten schicken, für Stecknadeln. Hier oben braucht er ja kein Geld. Ach, wenn doch der Albert ein Herz zu seinen Aeltern haben wollte — so könnte das heut ein recht guter Tag werden.

Neunter Auftritt.

Herr Lonau. Hans.

Hans. Guten Morgen, Vater!

Lonau. Guten Tag, Hans! Guten Tag!

Hans. Bist du guten Muthes, Vater?

Lonau. Ja. Wo kömmst du her?

Hans. Den Berg herauf, vom Pastor. Der Schimmel hat stark eingreifen müssen. Sey nicht böse, ich will ihn schon pflegen.

Lonau. Was macht der Obrist? Was macht —

Hans. Je nun — sein Fuß ist grob gegen ihn, drum brummt er gegen mich. Ich habe Albert gesprochen; er sieht recht gut aus.

Lonau. Wie war er gegen dich?

Hans. Ganz gut, meine ich. Ich habe ihm die Hand gegeben und er hat sich küssen lassen. lacht. Gesprochen hat er eben nicht mit mir.

Lonau. Also noch derselbe!

Hans. Er hat mit den Andern auch nicht gesprochen.

Lonau. Hat er nach mir gefragt?

Hans. Ja wohl. — Sophie war aber recht freundlich mit mir. Ich habe ihr ein Bouquet gebracht, und —

Lonau. Und die Tante?

Hans. Aus der mache ich nichts. Sie saß grade auf und las in einem Kalender. Sophie hat mein Bouquet genommen, mir die Hand gedrückt —

Lonau. Und der Obrist?

Hans lacht. Der Obrist riß ihr die Blumen aus der Hand, warf sie auf den Ofen und sagte zu mir — „Will Er sich gleich den Berg hinauf packen? Er ist mir fatal!“

Lonau. Und darüber bist du lustig?

Hans. Ja Vater. Sophie hat mir ja die Hand gedrückt.

Lonau. Ueber diese Hand entscheidet der Vater, und der will einen Offizier zum Schwiegersohn. Drum — schlage das Mädchen dir aus dem Sinne.

Hans. Das geht weiß Gott nicht an.

Lonau. Aber du merkst doch, daß —

Hans. Ich merke alles. Es wird hier einen tüchtigen Lärm absetzen. lacht.

Lonau. Und dabey bist du lustig?

Hans. Gottlob, daß es endlich nur einmal so weit ist. Der Obrist wird dich auch anfahren —

Lonau. Wenn ich für dich spreche — wahrlich.

Hans. Wenn du angegriffen wirst, Vater — sey so gut, steh ein wenig fest. Willst du?

Lonau. Ja, das ist eine Sache, die —

Hans. Zanke auch ein Bischen mit ihm.

Lonau. Der Obrist ist sehr heftig.

Hans. Du hast mich lieb. Sey auch ein wenig heftig. Sag ihm — Hans ist ein ehrlicher Kerl, er wird Sophien glücklich machen. Sie ist dem Hans gut — Herr Bruder! du mußt ihm das Mädchen geben.

Lonau. So läuft er mir fort —

Hans. Das kann er nicht, er hat das Podagra.

Lonau. Er kommt mir nicht wieder über die Schwelle.

Hans. Dann gehst du über seine Schwelle.

Lonau. Wenn er gar schon einen Schwiegersohn ausgesucht hätte!

Hans. Der kann kein ehrlicherer Mensch seyn als ich.

Lonau. Wenn es ein Offizier wäre —

Hans. Sophie hat mich doch lieber als seinen Offizier.

Lonau. Der Obrist wird ihr den Gehorsam kommandiren — soll die Tochter widerspenstig seyn?

Hans. Vater! du hast gewollt, daß ich nicht in die Welt gehen und hier oben bey dir bleiben sollte. Nun — was du mir von der Welt erzählt hast, macht mich nicht begierig, in ihrem Getümmel herumgeworfen zu werden.

Lonau drückt ihm die Hand. Bist mein ehrlicher Hans — mein guter Sohn!

Hans. Aber hier bey uns fehlt etwas. Sieh — die Mutter zankt gern, der Obrist brummt auch sein Theil — wir jungen Leute könnten dir lustig die Zeit vertreiben. Giebst du mir Sophien, so sollst du sehen, welch ein fröhlich Leben das werden wird. Die Welt liegt unter uns, laß sie treiben, was sie will; wir sehen hoch oben über alle Höfe, Schlösser, Seen, Dörfer, Städte hinaus, und da sie unsre Früchte noch nöthiger brauchen, als wir ihr Geld; so sind wir so unabhängig, als Wenige sich rühmen können.

Lonau vollherzig. Wahr! das ist wahr!

Hans. Wenn aber Sophie mit einem andern Manne den Berg hinunter zieht — ich soll oben bleiben und sehen dem Wagen in die weite Welt nach — ja Vater, dann ist es vorbey mit dem guten Muthe. Mein Herz zieht mit ihr in die Welt. Hier oben würde es mir dann rauh vorkommen und still. Die weite Gegend würde mir öde seyn und dunkel. Ich werde mich in den Thälern herumziehen, an den Feldern und Hecken herschleichen, abgrämen, und ehe du es meinst, ist es vorbey. Dann werde ich hinunter getragen, drunten am Kirchthurm neben die Schwester Friederike unter den Hollunderbusch gelegt, und du gehst hier oben allein umher.

Lonau. Hans, mache mich nicht weichherzig, es thut mir nicht wohl.

Hans. Du bist ja gutherzig, drum hole die Tochter dir ins Haus.

Lonau. Nun — ich will thun, was ich kann. Da meine Hand darauf.

Hans. So geht alles gut. Nun Gott vergelte es dir. geht.

Lonau. Wohin?

Hans. Oben an die Ecke, Acht haben, wenn der Wagen kommt.

Lonau. Lauf hin! Es ist eine schöne Zeit, wo man so auf dem Posten steht und wartet auf den ersten Blick von einem Paar schwarzen Augen!

Hans. Nicht wahr? Faßt seine Hand. Und wenn man nun an ein Paar solcher Augen erst von Gott und Rechtswegen angewiesen ist, kann vom Morgen bis in den Abend alles darin lesen, was man will — das ist eine Zeit! Vater, mache, daß sie bald ist — du bekömmst denn auch mancherley zu thun, was dir das Leben und dein Haus noch einmal so lieb machen wird. Er springt fort und stößt in der Thüre fast auf seine Mutter.

Zehnter Auftritt.

Vorige. Madam Lonau.

Hans. Sey nicht böse, Mutter! Es geschah in der Fröhlichkeit.

Madam Lonau. Ungezogener Mensch!

Lonau. Liebe Henriette, du kannst für seine Fröhlichkeit viel thun —

Madam Lonau. Da war gewiß die Rede von deiner Liebesnarrheit. Das sage ich dir —

Hans. Der Vater sagt, es wäre eine schöne Zeit, wo man auf ein Paar hübsche schwarze Augen wartete.

Madam Lonau. Dergleichen Thorheiten —

Hans. Wie der Vater auf deine Augen gewartet hat, hast du es anders genannt —

Madam Lonau. Dummes Zeug!

Lonau freundlich. Weißt du noch, Jette?

Madam Lonau seufzt. Ach ja! In jenen Zeiten werden uns Mädchen schöne Dinge weiß gemacht.

Lonau mit guter Laune. Uns Männern auch, Jettchen.

Madam Lonau. Da sind die Herren nur Ohr und Gefälligkeit.

Lonau. Die Mädchen ganz Sanftmuth und Nachgiebigkeit.

Madam Lonau schnell. Aber die Herrlichkeit dauert nicht lange.

Lonau. Manchmal.

Madam Lonau. Dann geht der Ernst an.

Lonau lächelt. Die Kritteley —

Madam Lonau. Der Eigenwille —

Lonau. Die Herrschsucht —

Madam Lonau. Kopfhängen —

Lonau. Zanken.

Madam Lonau. In allen Dingen wird uns widersprochen.

Lonau. Jeder unschuldige Wille uns aus der Hand gewunden.

Madam Lonau. Unser bester Wille verkannt, verdreht —

Lonau. Der Mann wird der erste Kommissionär —

Mad. Lonau. Die Frau die erste Magd — und so geht es grämlich und trocken zum Ende. Drum ledig geblieben!

Hans. Oder fröhlich geheirathet und friedlich gelebt.

Madam Lonau. Was hat man davon?

Hans. Den Albert und den Hans! Wenn Vater und Mutter die ansehen, geben sie sich die Hände und sagen: Laß uns sorgen, daß es den beiden Burschen gut gehe. Er legt beider Hände in einander. Vater und Mutter gehen mit einander zu Rathe — Hans zieht auf die Augenwache! geht ab.

Eilfter Auftritt.

Herr Lonau. Madam Lonau.

Lonau der ihre Hand behalten. Nun Jette, was meinst du?

Madam Lonau. Hans ist ein Narr.

Lonau. Ein gutmüthiger Narr.

Madam Lonau. Albert ist —

Lonau. Ein verständiger Narr'

Madam Lonau tritt lebhaft zurück. Was? Wie? Sobald du — nun ich will mich fassen. — Wie wirst du Albert empfangen?

Lonau. Kannst du das fragen? — Väterlich! Sehr herzlich!

Madam Lonau. Gewiß?

Lonau. Bey Gott, ich freue mich auf ihn.

Madam Lonau. Nun — da hast du meine beiden Hände.

Lonau. Für beide Söhne.

Madam Lonau. Sieh — jetzt bist du einmal recht gut.

Lonau. Jetzt bist du einmal recht freundlich.

Madam Lonau. Das bin ich immer.

Lonau. Wenn dein Wille geschieht.

Madam Lonau. Mein Wille ist gut.

Lonau. Nicht immer gerecht. Sag — was verlangst du für Albert?

Madam Lonau. Erstens mußt du —

Zwölfter Auftritt.

Vorige. Der Obrist.

Obrist. Gott grüße euch! Nun jetzt habe ich es doch herausgebracht —

Lonau. Sey mir tausendmal willkommen, redliche Seele!

Madam Lonau. Sind Sie endlich wieder da?

Umarmung.

Obrist. Guten Morgen, Herr Bruder — Diener, Madam. Nun ich habe es doch herausgebracht —

Lonau. Wo ist Albert?

Madam Lonau. Wo bleibt mein Sohn?

Obrist. Er ist drüben bey mir.

Lonau erstaunt. Warum nicht hier?

Madam Lonau will gehen. Er muß daher —

Obrist fest. Nein! Er bleibt bey mir.

Madam Lonau. Ich muß hinüber —

Obrist hält in der Lebhaftigkeit seines Gegenstandes sie bey der Hand. Der Spitzbube, der feige Kerl —

Madam Lonau. Wer?

Lonau. Was ist das?

Obrist heftig. Habe ich es nicht immer gesagt, wußte ich es nicht? He! O mir macht Niemand etwas weiß. Wegen der hohen Verwandtschaft mußte es verdeckt werden — aber nun ist es am Tage. Ich habe Satisfaction. Die unglückselige Bataille ist durch keinen andern verlohren gegangen, als durch den Lieutenant Daber!

Lonau. Ja so — davon sprichst du?

Obrist. Ja so? — Ja — ja! So, durch den ist sie zum Teufel gegangen und meine Ehre beynahe zweydeutig geworden, meine Cariere gehemmt. Wenn die Jammerseele nur noch athmete, daß ich den Kerl eine ganze Woche alle Tage hintereinander fordern könnte! Sieh — Er geht ans Fenster, Madam Lonau schleicht sich fort. Komm her! Er faßt ihn bey der Hand. Dort — — — du bist doch wohl?

Lonau. Gottlob ja, nur —

Obrist. Gott sey Dank! küßt ihn. Sieh, dort rückte die Kolonne an. —

Lonau. Nur die Ungeduld nach Albert —

Obrist. Gleich gehen wir zusammen. — Dort rückte sie an. Hier zog sich der Hase durch den Wald. heftig. Hinter dem Walde konnte der Kerl tète bieten, Sukkurs erwarten. stampft. Thuts nicht — fort — bringt den Allarm auf den nächsten Posten; läßt die leichte Kavallerie ungeschoren durch den Wald nachrücken — zwey Kanonen hatte er bey sich, — die Baumäste hätten die Hunde todt schlagen müssen — und ohne Schuß geht er zum Teufel! Ist das erhört? — sprich!

Lonau. Freylich nicht. Aber mein —

Obrist. Hätte ich nicht, wie alles in Konfusion davon ging, oben über dem Holwege mich gehalten, unten in das Dorf Haubitzen werfen lassen, daß die Hunde das Defilé nicht gleich anpacken konnten —

Lonau. Richtig, lieber Weilert! — Jeder Kenner sagt, daß deine Bravour die Armee gerettet hat.

Obrist. Dafür hat mich der Teufel geholt!

Lonau. Drey ehrenvolle Wunden —

Obrist. Machten mich invalide —

Lonau. Erklärten dich zum Helden. —

Obrist. Der Minister, Onkel des Hasen, — warf Abschied, Pension und Obristentitel auf den verkrüppelten Helden.

Lonau. Dein Muth hat aber —

Obrist. Muth auf dem Rückwege beweisen ist eine Christenpflicht. Tausend Teufel! was hätte ich vorwärts mit dem Muthe für ein Heldenwesen treiben können! Ein Rückzug ist ein schleichend Fieber, das Kredit, Muth, Ehre, Glauben und künftige Thaten vertilgt. Wäre ich vorwärts zusammen gehauen? Gut, das ging zur Unsterblichkeit! Aber so rückwärts zum lahmen Philister notirt zu werden? Alle Donnerwetter.

Lonau. Ehrlicher Mann! Du hattest diesen Kummer hier oben doch fast vergessen —

Obrist. Das ist nicht wahr!

Lonau. Aber — ich weiß doch, daß —

Obrist. Wenn ich so zehn Monate stille hier gesessen habe, und um den Berg herumgehinkt bin, spreche ich wohl weniger davon. Aber wenn ich wieder hinunter ins Getümmel komme — aufmarschiren sehe, anrücken — die Fahnen wehen, die Gewehre blitzen — den Plan übersehe — Trompeten, Kanonen, Trommeln in mein Blut stürmen, die Brust sich hebt, die Ehre mit mir voran will — und ich alter Hiskias muß dem Wesen so aus einem Chaisenkasten nachsehen — alles stürzt an mir vorbey, voraus, jagt dem Punkte zu — mein Geist fliegt mit, aber die zerbrochene Maschine muß in der alten Kalesche bleiben! Donnerwetter! — dann vergehen mir alle Sinne!

Lonau. Aber lieber Gott, wenn man doch so viele Jahre —

Obrist. Aber lieber Herr Bruder, du bist ein Herr Rath gewesen — wenn du das Rathsglöckchen hörst, was die Herren zur Brot- und Biertaxe zusammenruft, kann dirs freylich nicht warm ums Herz werden! — Was weißt du, wie einem alten Krieger zu Muthe ist, der die Flamme im Herzen hat und den kalten Tod in den Beinen! — Laß mich ungeschoren! geht ab.

Lonau. Der brave Mann! Es müssen besondere Dinge mit ihm vorgehen, daß die alte Wunde so brennend schmerzt. — Aber *er lächelt.* mit dem Rathsglöckchen — da hat er Unrecht. — Wenn die Zünfte vor mir versammelt waren und ich die Taxe machen mußte, ist mir es oft warm ums Herz geworden. Das versteht er nun nicht.

Dreyzehnter Auftritt.

Herr Lonau. Madam Lonau.

Madam Lonau. So komm doch hinüber zu Albert.

Lonau. Sollte er nicht daher kommen?

Madam Lonau. Der Obrist hat gewollt —

Lonau. Ich weiß. Aber er hätte doch kommen sollen.

Madam Lonau. Ueber Albert gerathen wir an einander!

Lonau. Ich fürchte es.

Madam Lonau. Auf den Punkt gebe ich nicht nach.

Lonau. Ich auch nicht.

Madam Lonau *nach kurzer Pause.* Freylich bist du Herr im Hause. Aber —

Lonau erschrocken. Gott steh mir bey!

Madam Lonau. Was giebts?

Lonau. Du mußt schreckliche Dinge vorhaben, weil du mir die Charge abtreten willst. — Ich will mitgehen — komm. geht.

Madam Lonau. Strebe ich nach der Herrschaft?

Lonau lacht. Bewahre!

Madam Lonau. Will ich nur meinen Willen?

Lonau. Nicht doch!

Madam Lonau sehr lebhaft. Mische ich mich in Dinge, die mir nicht angehen?

Lonau. Niemals.

Madam Lonau. Und wenn ich zuweilen ein Wort rede, ist es nicht stets zum Besten aller?

Lonau. Allemal.

Madam Lonau. Denn ich opfre mich für alle auf. Für mich habe ich keinen Wunsch, ich arbeite für alle. Ich erlaube mir keine Freude, ich —

Lonau. Jette, höre mich an!

Madam Lonau. Nein, ich bestehe darauf, daß du mir die Gerechtigkeit giebst —

Lonau. Ich will dir die Versicherung ausstellen, daß ich von jetzt an auf ein viertel Jahr beständig Unrecht habe — nur setze jetzt dein Recht nicht weiter auseinander. geht.

Madam Lonau. Wie? Mein Recht nicht — — das ist die größte Ungerechtigkeit, die mir erwiesen werden kann.

Lonau in der Thür. Nun — komm Jette!

Madam Lonau. Höre mich an, komm zurück.

Lonau geht hinaus, die Thüre bleibt offen.

Madam Lonau geht ihm nach. Lonau! Sie winkt ihm Nur ein Wort noch. Sie tritt in die Thüre. Mein Schatz! dein Unrecht besteht darin — Sie folgt ihm. daß du niemals einsehen willst, Der Vorhang geht herunter daß ich die eigentliche Lage der Dinge mehr übersehe als du!

Zweyter Aufzug.

Im Hause des Obristen. Eine Art Burgzimmer, alt meubliert. An den Wänden, Feldherren, Landkarten, u. dergl.

Erster Auftritt.

Madam Lonau und Kommerzienräthin treten schnell ein.

Kommerzienräthin. Nun Schwester, unterrichte mich genau von deinen Planen. Deine Lage kenne ich durch Albert.

Madam Lonau. Seit sechs Jahren hast du mir nicht geschrieben, das ist —

Kommerzienräthin. Liebes Kind! du hast Sinn für die Wirthschaft — aber die Litteratur und unser ganzer neuer Ideengang ist dir fremd. Man kann kaum mit dir reden, wie könnte man mit dir korrespondiren?

Madam Lonau. Was? Mit mir —

Kommerzienräthin. Pst! Lassen wir das. Ich höre, daß Albert in Noth ist, daß dein Mann nichts mehr geben will.

Madam Lonau. Er hat freylich schon entsetzliche Summen bezahlt. —

Kommerzienräthin. Albert wendet sich an den Obristen, der bleibt kalt — sein Spiel scheint verloren. Das ist für mich genug; wo ein Spiel schlecht steht, nehme ich überall die Karten. Alles zu verwirren, alles zu leiten, zu ordnen, zu übersehen, aus der dunkelsten Verwirrung Licht hervorgehen zu lassen, gegen alle zu kämpfen, alle zu beherrschen — das ist meine Partie im Leben, und wo ich dazu gelangen kann, bin ich an meiner Stelle. Ich gebe Albert die Idee, des Obristen mit der Neigung zum Militair sich zu bemächtigen. Es glückt, er fängt Feuer, er setzt die Tochter zum Preise. Bey einer Bouteille altem Rheinwein fing der Obriste von seinen Bataillen an. Wir marschirten, kanonirten und fochten alle mit. Unser Lob warf noch mehr Feuer in seine Seele als der Wein, und ehe die Flasche aus war, hatte er für 3000 Thaler unterschrieben. Der Oberfalkenmeister zahlte gleich aus —

Madam Lonau. Aber der Wechsel ist nun fällig —

Kommerzienräthin. Jetzt muß dein Mann zahlen, oder der Oberfalkenmeister muß den

Rest noch herausgeben und dieß Wesen ist sein Eigenthum.

Madam Lonau. Es ist mir leid, wenn ein solcher Umstand vorgeht — aber —

Kommerzienräthin. Mir nicht. Zerstören und anders bauen ist mein Genuß.

Madam Lonau. Der Albert ist meine einzige Freude! Er muß noch recht berühmt werden.

Kommerzienräthin. Er ist fürchterlich — also ist sein Name gemacht.

Madam Lonau behaglich. Wahrhaftig?

Kommerzienräthin. Er ist kalt, kühn, original, gewaltig und schrecklich. So hat er großgeglaubte Namen in den Staub heruntergerissen, Behauptungen unter den Pöbel geworfen, Paradoxe bekannt gemacht, wie noch keiner vor ihm. Er lebt mit aller Welt im Kriege auf den Untergang. So ein derbdreister Gegner ist noch nicht auf den Kampfplatz getreten, die ganze prosaische Race haßt, fürchtet, verfolgt, zerreißt ihn!

Madam Lonau besorgt. Ist er so gehaßt?

Kommerzienräthin mit Enthusiasmus. Allgemein, allgemein!

Madam Lonau erschrocken. Ey du lieber Gott!

Kommerzienräthin. Dieser Haß ist die Urkunde der allmächtigen Umwälzungskraft, die ihm beywohnt. Er ist groß im Zerstören, ein

Attila in der Litteratur. Zerstört, vernichtet muß das alte Gebäude werden. Nur aus dem Schutt kann unser neues kolossales Prachtgebäude hervorgehen. Anbetung den Zerstörern!

Madam Lonau. Zerstörst du auch mit?

Kommerzienräthin. Versteht sich.

Madam Lonau. Nun ich danke dir, daß du die Liebe für mich hast, um mir zu helfen, daher zu kommen.

Kommerzienräthin. Ich habe noch andere Zwecke, warum ich hieher kommen mußte. In dem Verkehr mit dem Obristen hat der Oberfalkenmeister sich beygehen lassen, in die Tochter des alten Kriegsmanns sich zu verlieben!

Madam Lonau. So?

Kommerzienräthin. Das will ich nicht haben. Drum muß Albert verlobt, der alte Baron auf eine oder die andere Art abgefertigt und weggeschickt werden und das heute noch.

Madam Lonau. Interessirst du dich denn im Ernst für den alten Baron?

Kommerzienräthin. Keinen Augenblick. Aber er ist mein Sklave, gilt dafür und muß es bleiben. Er hat Einfluß, da fast jedermann ihm schuldig ist, und seinen Einfluß brauche ich.

Madam Lonau. Bey deinem großen Vermögen! Wozu?

Kommerzienräthin. Meine Ideen, meine Plane durchzusetzen.

Madam Lonau. Die kenne ich nicht.

Kommerzienräthin. Liebe Seele, du begreifst sie auch nicht. — Da ist ein Autor, den ich gehoben wissen will, ein anderer, der nicht in mein System paßt — der vernichtet werden muß — Zu allen solchen Dingen ist er, und was sich vor ihm biegen muß, meine Lohnbedienten.

Madam Lonau. Liebt er dich denn?

Kommerzienräthin. Nimmermehr! — Aber er ist in meinen Wirkungskreis gebannt, er hört, staunt, begreift nichts, fürchtet alles und läßt jede Last sich aufhalsen, um dem Geißelschwung unseres Satyrs zu entgehen. Auch giebt es gemeine Bande, welche diese Maschine an mich ketten. Er läßt seinen Heerd nicht rauchen, weil meine Tafel die seine ist. Er hofft mich zu beerben —

Madam Lonau. Das wirst du doch nicht eingehen?

Kommerzienräthin. Nein! Mein Vermögen ist bestimmt, zu ewigen Tagen ein öffentliches Gebäude und einen Lusthayn für die gelehrte Zusammenkunft zu erhalten, die ich gestiftet habe.

Madam Lonau. Aber da dich Albert interessirt, so wäre es doch großmüthig gewesen, wenn du — wenigstens etwas von Alberts Schuld hättest übernehmen wollen.

Kommerzienräthin. Unmöglich, durchaus unmöglich. Ich lasse auf meinem Museum dieß Jahr eine Sternwarte bauen. Das folgende Jahr werden die Instrumente angekauft, das Jahr darauf muß der Astronom besoldet werden. — Ueberhaupt gehen meine Plane so weit und so ins Große, daß ich fürchte, mein Leben reicht nicht dazu hin.

Madam Lonau. So hättest du ihn doch durch deine Verbindungen anstellen lassen können.

Kommerzienräthin. Wer wird für seine Verwandten betteln. —

Madam Lonau. Wenn nun mein Mann dabey bleibt, Alberts Schulden nicht zu bezahlen?

Kommerzienräthin. Du sagst, er hasse den Zank? Wohl, so zanke ihn aus seinem System heraus. Brauchst du Vernunftgründe, seinen Willen umzustürzen — ich will dir treulich helfen.

Madam Lonau. Mein Mann ist so unzufrieden mit Alberts Lebensweise. —

Kommerzienräthin. Unverstand!

Madam Lonau. Aber deßhalb bezahlt er nicht.

Kommerzienräthin. Vor der Hand hat ja der alte Obrist bezahlt.

Madam Lonau. Der muß doch wieder bezahlt werden.

Kommerzienräthin. Durch die Heirath mit seiner Tochter.

Madam Lonau. Gut. Aber nachher müssen sie leben?

Kommerzienräthin. Die verhaßten Details! Darüber geht aller großer Genuß des Lebens dahin!

Madam Lonau. Und dazu kömmt noch, daß der einfältige Hans sich es in den Kopf gesetzt hat, Sophien zur Frau haben zu wollen.

Kommerzienräthin. So ein Mensch kommt ja gar in keinen Betracht.

Madam Lonau. Mein Mann wünscht diese Heirath mit dem Hans sehr. Ich kann auch nicht läugnen, daß Albert so große Summen schon gekostet hat —

Kommerzienräthin. Dem Manne von Kopf gehört das Vermögen, ihn geltend zu machen, dem Tagelöhner Brot! Brot und Luft — mehr nicht.

Madam Lonau. Nach den Rechten hat aber Hans —

Kommerzienräthin. Die Rechte? barbarische Formen, die das schöne Leben hinwürgen! Du lebst hier ein thierisches Leben, dein Geist ist eingesponnen. Du weißt nicht, wie wir die alten morschen Schranken niederstürzen oder umgehen. Der Geist bildet neue Rechte und der Verstand erkämpft ihre Gültigkeit. Dränge die Herzensarmuth deines Mannes in die Ohnmacht, sich den

Gründen zu widersetzen, womit du ihm sein Nichts darthust! Zu der Pöbelhaftigkeit eines entscheidenden Testaments hat er nicht Energie genug. Ich höre kommen — greife entschlossen an und zähle ganz auf mich!

Zweyter Auftritt.

Vorige. Herr Lonau.

Lonau. Ey ey! Mein schlichter Menschenverstand und mein redlicher Wille finden heut nirgend Eingang.

Kommerzienräthin. Verargen Sie mir nicht, wenn ich manchmal das Schlichte platt finde.

Madam Lonau. Und oft giebst du deinen Eigensinn für redlichen Willen aus.

Lonau. Als ich damals aus der großen Welt weggezogen bin —

Kommerzienräthin. Diese Handlung selbst verrieth eine gewisse Kränklichkeit des Geistes.

Lonau. Hielt man väterliche Treue noch für eine achtungswerthe Eigenschaft.

Kommerzienräthin. Sie waren schwach genug, empfindlich gegen Tadel zu seyn —

Lonau. Nein Madam! Aber das Verdrehen meiner besten Absichten, die gewaltthätige Verkennung meines Herzens, die in System gebrachte Falschheit, Schadenfreude und die allgemeine Herzlosigkeit nagte an meiner Lebenskraft. Hier oben habe ich alles Verlorne wieder gewonnen, und Zufriedenheit, die ich vorher nicht kannte.

Kommerzienräthin. Daß Albert lieber den Geist kultivirt als den Acker, ist doch kein Vergehen?

Lonau. Er lebe nach seines Geistes Eingebung, aber das Herz gehe nicht leer aus.

Kommerzienräthin. Das Herz? Eine allgemeine Phrase zur Beschönigung des gemeinen, schwachen, unpoetischen Verkehrs.

Lonau. Die Sache zu enden — ich habe viermal große Schulden bezahlt — das fünfte Mal thue ich es nicht, weil ich es nicht darf.

Kommerzienräthin. Exemplarische Vatertreue!

Madam Lonau. Zärtliche Sohnesliebe!

Lonau. Die den zweyten Sohn nicht plündern will.

Kommerzienräthin. Dieser zweyte Sohn ist nur eine Maschine —

Lonau. Wahrhaftig?

Kommerzienräthin. Der Sie nicht mehr schuldig sind, als daß sie im Gange erhalten wird!

Dritter Auftritt.

Vorige. Obrist. Albert. Sophie.

Obrist. Gelangen wir zum Frühstück, oder soll das heillose Geplänkel mit flachen Redensarten den ganzen Tag wegnehmen?

Kommerzienräthin. Ich, mein Herr Obrist, wünsche sehnlich das Ende alles Flachen, obschon ich nicht frühstücken werde.

Obrist. Nach Belieben. Nun zugegriffen. Sophie! Mache die Hausfrau. Bald wirst du es seyn. Zu Herrn Lonau. Ein Glas Wein — belebe dich, Herr Bruder —

Lonau. Ach ich bin belebt worden.

Obrist. Was neues, junger Mann —

Albert. Mein Vater interessirt sich nicht dafür.

Obrist zu Madam Lonau. Ein Paar freundliche Worte, Madam, daß wir zum Schluß kommen. — Nun — was sind Ihre Friedensbedingungen? Er schenkt Wein in die Gläser.

Sophie trägt einen Teller mit kleinen Kuchen, einen andern mit Butterbrot umher. Niemand will davon.

Albert setzt sich an den Tisch. Es werden die Sachen und Gesinnungen sich fügen.

Madam Lonau. Mein erstes Wort darüber wird mein letztes seyn.

Kommerzienräthin. Sie ist konsequent!

Madam Lonau. Habe ich, *Sie geht schnell zu Herrn Lonau hin,* eine Unbilligkeit gefordert?

Kommerzienräthin. Braucht ein Mann von Kultur nicht mehr als ein Bauer?

Madam Lonau. Deine Weigerung ist Starrsinn —

Kommerzienräthin. Haß gegen Albert—

Madam Lonau. Vorsatz mich zu kränken.

Kommerzienräthin. Fanatis'm, gegen den Geist der Zeit. Aber Sie halten ihn damit nicht auf!

Albert. Sein Odem wird auch hier wehen und die heilige Flamme wird Sie ergreifen. *Trinkt.*

Lonau. Ich meine, ich würde schon gesengt.

Madam Lonau. Das ist der Dank für meine Langmuth —

Kommerzienräthin. Für die beyspiellose Liebe, einem eigensinnigen Manne hierher auf dieses verwünschte Schloß zu folgen!

Lonau. Nun liebe Frau und Sie Frau Schwester, wenn werde ich antworten dürfen?

Madam Lonau *ruhig.* Wann du willst.

Kommerzienräthin *fest.* Gleich jetzt.

Madam Lonau lebhaft. Gott soll mich bewahren, dich zu unterbrechen.

Kommerzienräthin schnell. Nun zur Sache.

Madam Lonau. Ich sage kein Wort mehr.

Kommerzienräthin. Das ist auch vergeblich; denn ein passendes Wort werden Sie doch nicht vorbringen.

Madam Lonau gereizt. Gewiß nicht.

Kommerzienräthin. Ein bedächtiges Nein!

Madam Lonau steigend. Weiter nichts.

Kommerzienräthin. Aber das schwöre ich Ihnen, Herr Bruder —

Madam Lonau. Wahrlich, wenn du nichts willst als deinen Eigensinn wiederholen, — so wäre es besser, du sprächest gar nicht.

Kommerzienräthin. Ganz gewiß kann er sich von seiner verkehrten Art zu sehen nicht losmachen, das wirst du doch begreifen.

Madam Lonau. Dann bitte ich dich um Gottes willen, schweig und bringe mich nicht noch mehr auf! denn das ewige, hartnäckige, dreiste, feste, kurze, rasende Widersprechen kann ich nicht erdulden, es kostet mich das Leben. Sieh mich an, liebe Schwester, zittern mir nicht alle Glieder, schlagen nicht alle Adern? Hier auf die Brust, drückts — es sticht im Kopfe, ich habe Ziehen in den Gliedern — Schwindel — ich sehe alles doppelt, es summt mir vor den Ohren — die Luft geht mir aus, ich habe den Krampf in der Brust — und mit letzten Kräften. ich bitte dich um Gotteswillen, höre auf!

Lonau verwundert zum Obristen. Sage ich wohl ein Wort?

Kommerzienräthin. O ja. Sie reden, in einem Weg reden Sie! durch Blicke —

Madam Lonau. Mit allen Gliedern spricht er — die Augen tadeln —

Kommerzienräthin. Ja wohl, die Stirn spottet —

Madam Lonau. Ueber die Nase herüber zuckt ein boshafter Zug.

Albert steht auf und lorgnirt den Vater, doch ohne von den andern gesehen zu werden.

Kommerzienräthin. Der Mund senkt sich an beiden hängenden Winkeln und verkündet so das innere todte Phlegma, die ausgebrannte Masse —

Madam Lonau. Das kluge Nein!

Kommerzienräthin. Sie sehen aus wie lauter Besserwissen und Nein! Diese negative Kraft ist alles, wozu Sie Sich erheben können.

Obrist legt sich ins Fenster. Des Teufels möcht' ich werden!

Sophie, die indeß die Tassen trocknete, sah beständig mit Innigkeit auf Herrn Lonau. Hier läßt sie die Unter tasse fallen, die sie in der Hand hat, fliegt in Herrn Lonaus Arme und sagt mit innigstem Gefühl: Ach ich lese deutlich, was in diesem Herzen vorgeht, und hänge von ganzer Seele an ihm.

Lonau. Meine gute Sophie, meine Tochter!

Albert. Lieber Vater, da eine Meinungsverschiedenheit über meine Angelegenheit die Debatten verursacht, will ich das Wort nicht nehmen. Sie sind unstreitig Herr Ihres Willens, insofern davon bestimmt wird, was Sie thun wollen, oder nicht thun. So lange also nicht davon die Rede ist, daß ich etwas thun oder nicht thun soll, habe ich hier nichts zu sagen. Daß ich der Gegenstand der Discussion bin, verursacht mir ein Mißgefühl; mithin bin ich der leidende Theil und also derjenige, auf dem das allgemeine Interesse ruhen sollte. — Das ist alles, was ich zu sagen haben kann.

Vierter Auftritt.

Vorige. Hans.

Madam Lonau. Wer hat dich gerufen?

Hans. Niemand! Aber ich gehöre, meine ich, auch daher.

Obrist. Was will Er?

Hans. Nun — wenn Sie auch ein wenig rauh sind — es hat nichts auf sich. Sie haben nicht geschlafen, sind Sophiens Vater, der Freund meines Vaters und ein herzguter, braver Mann —

Obrist. Und? he!

Hans. So können Sie reden, wie Sie wollen. Von einem andern leide ich es nicht. Soll ich jetzt weggehen, so will ich das auch, und komme wieder, wenn Sie freundlich sind. Dann reden wir beide ein Wort mit einander. Will gehen.

Obrist tritt in seinen Weg. Wovon?

Hans. Von dem — daß ich um Sophien bitte.

Obrist. Es ist also angehalten, es muß eine Antwort folgen: — Er kriegt sie in Ewigkeit nicht!

Hans. Ja! Sie geben sie mir doch.

Obrist. Punktum!

Hans. Was wetten wir?

Obrist. Auf meine —.

Hans. Halt! — Die Ehre lassen Sie weg. Das andere Fluchwesen schadet nichts.

Kommerzienräthin. Welche Sprache!

Lonau. Aus dem Herzen.

Hans. Warum soll ich Sophien nicht haben?

Lonau. Das frage ich mit ihm.

Obrist. Er verdient sie nicht.

Hans heftig. Das war —

Obrist. Was giebts?

Hans gefaßt. Das — war ein strenges Wort. Was muß ich thun, eine bessere Meinung zu verdienen?

Obrist. Dich todtschießen.

Hans. Das ist Ihr Scherz. Aber mich todtschießen lassen — das wäre wohl Ihr Ernst. Ich thue keines von beiden.

Obrist unwillig. Drum geh zum Teufel.

Hans. Wer mich angreift, oder was ich liebe, dem mache ich Kopfweh. So ists mit mir bestellt. Ob ich eine Frau ernähren kann, weiß der Vater, ob ich sie schützen kann, damit stellen Sie mich auf die Probe — der übrige Hausrath soll sich schon finden.

Obrist. Hier muß ein Ende gemacht werden!

Kommerzienräthin. Endlich!
Madam Lonau. Gottlob!

Obrist. Dorthinaus, sage ich!

Hans zu Herrn Lonau. Meinst du Vater?

Lonau. Geh jetzt, Hans.

Hans zum Obristen. Wo soll ich wieder hereinkommen?

Obrist. Nirgend!

Hans. Das heißt — all überall! denn wer zu viel verbietet, erlaubt alles. geht ab.

Fünfter Auftritt.

Vorige, ohne Hans.

Obrist. Kein unnützes Scharmuziren mehr. Er führt beide Frauen. Mit Erlaubniß. In der Thür verneigt er sich. Auf Wiedersehen.

Kommerzienräthin und Madam Lonau gehen hinaus.

Obrist zu Sophien. Du machst auf heute Abend den Küchenzettel. Mit Hans sprichst du nicht. Verstanden? Ich weiß, daß du mir gehorchst.

Sophie. Ja Vater, so lange ich dein bin.

Obrist. Das wird nicht lange mehr dauern.

Sophie. Weißt du das gewiß?

Obrist. Weil ich dich verheirathe.

Sophie. Mache keinen verkehrten Plan, guter Vater! geht.

Obrist. Halt! Habe ich dich Gehorsam gelehrt?

Sophie. Ja. Aber du hast mich immer gehalten wie einen Sohn. Ich habe Luft und Laune, Nachtwache, Arbeiten, Verdruß und Lernen unternehmen müssen wie ein Sohn — daher habe ich das Herz meines Vaters und den Muth seines Sohnes.

Obrist wendet sie zu sich. Was willst du damit sagen?

Sophie. Daß ich nein sagen werde, wo ich nicht ja sagen kann. geht ab.

Sechster Auftritt.

Vorige, ohne Sophien.

Obrist. Impertinent! Aber entschlossen und das mag ich leiden — Indeß stehe ich für den Gehorsam.

Lonau. So?

Obrist. Wer bin ich?

Lonau. Sie ist ein Mädchen.

Obrist. Das habe ich Gott oft genug geklagt. Weiß auch nicht, womit ein braver Soldat die Strafe verdient hat. Meine Selige besah sich oft und gern im Spiegel. — Nun — das Unglück ist da!

Albert. Ein schönes Unglück!

Obrist. Was schön? Dabey halte ich mich nicht auf. Aber welch eine Seele! Alles kann man mit ihr überlegen, alles könnte man mit ihr unternehmen. Wie lieset sie unsere Feldzüge? Wie ärgert sie sich über das Mißlingen eines herrlichen

Plans? Welch eine Glut ist auf ihrem Gesicht, wenn vom Vaterlande die Rede ist? Von der Hausehre der Armee? — Da habe ich mit Stadtmädchen von solchen Dingen geredet, und sie haben gegähnt, als spräche ich vom gehörnten Siegfried.

Lonau. Sie ist überaus brav!

Obrist. Meine Großsöhne sollen Helden werden, hoffe ich zu Gott. — Drum ist es nichts mit dem Hans. Der ist ein ordinärer Gartengeselle. Dem da — will ich sie geben.

Lonau. Also ist mein Albert ein Held? Das habe ich wahrlich nicht gewußt.

Obrist. Mit allen Gelehrten lebt er im Kriege. Zwar ist das nur Federwesen, aber es gefällt mir doch. Ich habe von seinen Sachen gelesen. Ich verstehe nichts davon, aber immer angegriffen hat er. Mit Feuer und Schwerdt Schritt für Schritt verfolgt, eingehauen, kein Pardon, zu Schimpf und Schande gemacht, was Athem hat.

Lonau. Ist das jetzt so der Gebrauch?

Albert. Ohne verheerende Kraft kann die neue Schöpfung nicht Raum gewinnen. Die schöne Morgenröthe taget, der Sturm verscheuche die alte lange Nacht.

Obrist. Und überall steht es geschrieben, daß er das kann. Ueberall sagt er selbst: Ich bin ein großer Mann!

Lonau. So? Wird denn darüber nicht gelacht?

Albert. Die Vernichteten verbergen hinter Spott ihre Convulsionen.

Obrist. Wer fühlt und darthut, daß er groß ist, muß es sagen, das ist groß. Uebrigens legt er nun die Feder weg und greift nach dem Degen.

Lonau. Will er die Angegriffenen vollends erwürgen?

Obrist. Herr Bruder — er wird Soldat!

Lonau. So? Willst du das?

Albert. Ich bin nicht dagegen.

Obrist. Ey das ist nichts. Sie müssen sich mannhafter erklären.

Albert. Im gemeinen Leben rede ich nicht mit Wärme.

Lonau. Das habe ich empfunden.

Obrist. In dein Haus will ich meine Tochter geben. Dieser gefällt mir. Er hat Verstand, Figur, Muth. Es werden neue Regimenter errichtet, der Krieg ist Gottlob! vor der Thür. Der jetzige Kriegsminister kennt mich, weiß seine Leute zu wählen. Ich gehe ihn an, er wird Officier, der Mann meiner Tochter. So wird das Band unsrer alten Freundschaft auf unsre Enkel übertragen, und — du wirst so gerecht seyn, seine Schulden vorher zu bezahlen.

Lonau. Officier werden? Du hast freyen Willen und meinen Segen.

Obrist. Und die Bezahlung?

Lonau. Equipirung? Ja. Schulden habe ich viermal bezahlt, das macht 13000 Thaler.

Obrist. Das — ist wahr. Und — es ist viel Geld — das ist auch wahr. Aber die fünfte Bezahlung habe ich verbürgt. Hörst du?

Lonau. Das war unrecht.

Obrist. Alter! Bey Gott, du darfst mich nicht stecken lassen.

Lonau. Lasse ich den nicht stecken, so muß ich den Hans stecken lassen.

Obrist die Hand auf Alberts Kopf. Hier ist mehr als Hans!

Lonau die Hand auf Alberts Herz. Hier ist weniger als Hans!

Obrist. Das ist nicht wahr!

Lonau auf sein Herz. Und hier ist gleiche Sorge für beide. — Willst du suchen, in einem Collegio angestellt zu werden?

Albert. Niemals. Ich verschleudere mein Leben nicht zwischen Formeln und Formalitäten.

Obrist. Hat ganz Recht. Sieh ihn an, denke, wenn er in der Uniform einst vor dir stehen wird! — Was? Du liesest keine Zeitungen, kannst sie nicht ausstehen: aber das denke dir, wenn ich dir einmal daraus vorlese: — „Den und den — da und da, hat der — was er denn nun seyn wird, — Lonau – das und das gethan. So eben bringt uns ein Kurier die Nachricht unter Vorausreitung von 24 blasenden Postillonen. Hierauf ward sogleich ein Te Deum laudamus abgesungen!" — Gott im Himmel, was ist das für ein Leben! Wir beiden Alten gehen dann an die Bergecke, sehen über die weite Welt weg, stürzen uns in die Arme und — auch Te Deum laudamus!

Lonau. Ja, ja. Bis dahin —

Albert. In der gemeinen Landstraße bleibe ich auch hier nicht. Vorwärts, aufwärts, vorüber, hindurch, hinan auf die äußerste Höhe!

Obrist. Du kömmst hinauf! Umarmt ihn. Du kömmst hinauf!

Lonau. Wenn du nicht früh in einem Defilé invalide wirst!

Obrist. Herr Bruder — das war malitiös!

Lonau. Du hörst nur die 24 blasenden Postillone —

Obrist. Ja, hole das Büchermacherhandwerk der Henker! Und wenn sie sich lahm geschrieben haben — nenne mir einen Autor und ein Buch in der Welt, vor dem 24 blasende Postillone vorausgeritten wären! He?

Lonau. Ach ja! Es geschieht nur auf andere Manier.

Obrist unmuthig. Hier ist kein Feuer anzublasen. — Giebst du das Geld? Wie?

Lonau. Ich darf keine Ungerechtigkeit begehen.

Obrist. Dabey bleibt es?

Lonau. Ja.

Obrist geht einige Schritte sehr heftig, dann zu Albert. Jetzt hast du mit mir zu thun! Er klingelt. Sey ohne Sorgen. Ich übernehme alles.

Albert. Nicht unbedingt.

Obrist. Kein Wort weiter.

Siebenter Auftritt.

Vorige. Unterofficier Linde.

Obrist. Linde! Morgen Abend fahren wir in die Residenz.

Unterofficier. Die Pferde haben aber erst eine starke Tour gemacht —

Obrist. Thut nichts. Meine Tochter soll kommen. Deutet ihm zu gehen.

Unterofficier geht ab.

Achter Auftritt.

Vorige, ohne Unterofficier Linde.

Obrist geht lebhaft umher. Gleich nach unsrer Ankunft gehen wir beide zum Kriegsminister und ich stehe dafür — sein Fuß schmerzt. Hohl dich der Teufel! Er zieht das Bein. Auh! Er schreyt. Will er zum Fuße wohl ruhig seyn? zu Albert. Ich stehe dafür, daß alles gut geht.

Albert. Sie sind sehr freundlich und gütig. —

Obrist fast gerührt. Gut, wenns doch einer begreift!

Lonau. Da bist du nun wieder recht hart und ungerecht gegen mich.

Obrist losbrechend. Was? Ich wäre — —? Du! du bist — — du hast ja alle — Tausend Sapperment! zu Albert. Bin ich hart? Ich?

Albert. Bey Gott nicht!

Obrist außer sich. Du bist — du zerstörst alle meine Plane, Wünsche, Hoffnungen — den Trost meines Alters! Du — Er faßt ihm auf beide Schultern. Kalte Seele! Gebt mir — einen Stuhl — nur was zu greifen, zu packen — zu zerschlagen, daß ich nur einen Ausweg habe! Er zerschlägt zwey Teller. So — nun ists gut — nun wird mir besser.

Lonau. Willst du mich anhören —

Obrist. Gott bewahre.

Lonau betroffen. Gar nicht?

Obrist. Die andre Woche.

Lonau. Ich soll also gehen?

Obrist. Gehen!

Lonau. Komm mit mir Albert —

Obrist. Albert bleibt.

Lonau aufgeregt. Was? der Vater — Sammlet sich Nun — so bleib nur da und komm hernach zu mir. Zum Obristen. Gieb mir die Hand —

Obrist steckt beide Hände in die Rocktasche. Du giebst nichts, ich auch nicht.

Lonau will eine Hand ergreifen, indem wendet sich der Obrist, Lonau ist davon betroffen und tritt etwas rasch zu Albert, dem er mit Gefühl sagt. Ich könnte für meinen alten Freund sterben — ich weiß, er könnte dasselbe für mich thun. Deshalb bin ich ihm werth. Aber daß ich um keinen Preis eine Ungerechtigkeit begehe, darum hat er mich lieb. geht ab.

Neunter Auftritt.

Vorige, ohne Herrn Lonau.

Albert. Ich empfinde große Verlegenheit.

Obrist. Das glaube ich nicht.

Albert. Wie?

Obrist. Frey heraus — Sie haben mir nicht gefallen.

Albert. Was sollte ich thun?

Obrist. Was Sie nicht gethan haben.

Albert. Vater und Freund sind gespannt. —

Obrist. Dem Vater hätten Sie folgen müssen.

Albert. Aber Sie verlangten ja —

Obrist. Daran that ich recht. Wären Sie gegangen, hätten Sie recht gehandelt.

Albert. Ich will versuchen, ob mein Vater etwa noch jetzt sich — —

Obrist. Nein. Der Alte hat gut im Feuer gestanden, ich wills auch. Ihre Hand her —

Albert giebt sie.

Obrist. Ihre Schulden habe ich bezahlt. Ein Schurke, der davon dem Vater ein Wort sagt, oder irgend Jemanden.

Albert. Kann ich das versprechen?

Obrist. Ja.

Albert. Darf so viel Wohlwollen verschwiegen bleiben?

Obrist. Ihr Wort will ich — kein Kompliment.

Albert. Ich gebe es.

Obrist. So bald Sie Officier sind, werden Sie mit meiner Tochter getraut. Ich lebe bey Euch, ich habe nichts, aber ich bedarf nichts. Meine Pension und der Verkauf des Dinges hier langen für zufriedne Menschen hin.

Albert. Der Wechsel, den Sie für mich ausgestellt —

Obrist. Ist meine Sache.

Albert. Ist morgen fällig.

Obrist. Kann bezahlt werden.

Albert. Der Darleiher —

Obrist. Geht Sie nichts an.

Albert. Ist sehr zudringlich.

Zehnter Auftritt.

Vorige. Sophie.

Obrist. Geht mit einander in den Garten, verständigt eure Herzen, ich will nicht zuhören. Du weißt meinen Willen. Jetzt geh — gehen Sie.

Sophie. Vater! Ich habe Herrn Lonau nichts zu sagen.

Obrist. So höre ihn an. Reden Sie mit ihr. Vorwärts.

Albert und Sophie gehen.

Obrist. Schnell habe ich es angegriffen, schnell und mit Kraft werde ich es ausführen. Er ruft hinaus. Linde!

Unterofficier von außen. Herr Obrist.

Obrist. Es wird auch gut gehen, man muß sich nur nicht irren lassen.

Eilfter Auftritt.

Voriger. Unterofficier Linde.

Obrist. Ich habe mich geärgert.

Unterofficier. Das werde ich gewahr!

Obrist lebhaft Ich habe Ursach dazu.

Unterofficier ruhig, aber bescheiden. Jedes Ding hat seine Ursach.

Obrist. Der Alte da drüben ist — toll.

Unterofficier. Mag auch seine Ursach haben.

Obrist. Aus dem Albert wird etwas.

Unterofficier. Zeit hat er dazu genommen, und —

Obrist. Hans ist ein Bauer und bleibt es.

Unterofficier. Viele kluge Leute werden jetzt Bauern.

Obrist. Nachdem sie sich vorher versucht haben.

Unterofficier. Was bringt das Versuchen ein?

Obrist stolz. Ehre!

Unterofficier. Herr Albert hat wohl schon viel Ehre eingebracht?

Obrist. Büchereehre genug!

Unterofficier. Die Frucht kenne ich nicht!

Obrist nach einer Pause. Aha — Herr Linde ist gestimmt?

Unterofficier empfindlich. Ich habe mich auch versucht und Hausmannsehre eingebracht!

Obrist giebt ihm die Hand. Es ist wahr. Pause. Ich werde hier wegziehen.

Unterofficier. So? — Ich ziehe mit.

Obrist. Ich verkaufe das Nest hier.

Unterofficier. So? — Wir haben warm darin gesessen.

Obrist. Ich bin schuldig.

Unterofficier. Zum ersten Mal, seit ich Sie kenne.

Obrist. Ehrenschuld! Herzensschuld! Ich habe dem Oberfalkenmeister das Wesen für 3000 Thaler verschrieben. Wenn morgen nicht gezahlt wird, ist der Wechsel verfallen. 2500 Thaler bekomme ich heraus.

Unterofficier. Ein Jude würde mehr geben.

Obrist seufzt. Ich habe geschrieben, sage ich.

Unterofficier zieht die Schultern. Drum ist ein Hieb übers Ohr oft besser, als ein Federzug!

Obrist. Indem ich geschrieben habe, habe ich für meinen alten Freund sehr redlich gedacht!

Unterofficier. Hatten auch von dem alten Rheinwein wacker getrunken.

Obrist. Ich trinke nie zu viel.

Unterofficier. Für den Umstand war es gerade genug.

Obrist. Der Alte da drüben Er drohet in die Gegend. hat Wasser in den Adern.

Unterofficier. Aber ein gesundes frisches Herz!

Obrist um zu endigen, mit einigen starken Schritten. Nun — Ich halte Wort in der Freundschaft.

Unterofficier. Wenn Sie hier wegziehen?

Obrist. Das thue ich für seinen Sohn.

Unterofficier. Hans ist auch sein Sohn.

Obrist. Hans ist ein Bauer.

Unterofficier. Ja so! — Ey — ein guter Officier mag der Albert schon werden!

Obrist freundlich. Nicht wahr?

Unterofficier. Er präsentirt einen hübschen Mann —

Obrist sehr freundlich. Nicht wahr, Alter?

Unterofficier. Soll Verstand haben, Courage —

Obrist. Allemal! Drückt ihm die Hand.

Unterofficier. Könnte doch wohl ein schlechter Schwiegersohn werden!

Obrist lebhaft. Warum?

Unterofficier. Weil er aus dem eignen Vater nicht viel macht.

Obrist heftig. Nicht räsonnirt!

Unterofficier stark. Besser, als hernach geweint!

Obrist geht von ihm weg. Wo andre weinen, schlage ich drein!

Unterofficier. Der Schlag trifft die Tochter mit!

Obrist mit Anstand. Ich leide keinen Präceptor.

Unterofficier. Haben doch zwey angenommen.

Obrist. Was ist das?

Unterofficier. Die Frau Lonau und ihre Schwester.

Obrist deutet auf die Thür. An die Arbeit!

Unterofficier. Zu Befehl. Geht

Obrist. Das ist ja ein verdammtes Komplott!

Unterofficier. Herr Obrist! Er steht in der Mitte des Zimmers.

Obrist. Was giebts?

Unterofficier. Habe ich sonst gut im Feuer gestanden?

Obrist. Allemal!

Unterofficier. Nun denn — ein schlechter Kerl, der in Verdruß und Unglück von Ihrer Seite Reißaus nimmt! Meine Kapitulation mit

Ihnen geht bis zum Grabe, die Löhnung ist, daß ich reden darf, wie mir es ums Herz ist. — Halten zu Gnaden! geht.

Obrist sieht vor sich hin. Da Linde hinaus ist, ruft er stark und nicht ohne Rührung. Linde!

Unterofficier tritt ein. Ihr Gnaden, Herr Obrist!

Obrist winkt ihm.

Unterofficier tritt zu ihm hin.

Obrist. Es bleibt bey der Kapitulation. Er geht nach einem Seitenzimmer.

Unterofficier gerührt. Sehr wohl, Herr Obrist! geht aus der Mitte ab.

Zwölfter Auftritt.

In der Thür begegnet dem Obristen der Oberfalkenmeister.

Oberfalkenmeister. Sind Sie denn einmal allein zu sprechen?

Obrist. Ja. Sind Ihnen denn die Menschen zuwider?

Oberfalkenmeister. Au Contraire. Ich lebe den ganzen Tag unter Menschen. Die Einsamkeit ist mir verhaßt. Wenn ich einige Augenblicke allein bin, so bekomme ich tausend ängstliche Gedanken und ein immerwährendes Gähnen, dabey einen Frost — — aber diese Menschen hier — und dann — sagen Sie mir doch, weshalb haben Sie doch die Frau Kommerzienräthin mitgebracht?

Obrist. Sie bestand darauf, und dann ist sie ja Ihre beste Freundin.

Oberfalkenmeister. Gewiß! Eine sehr ästimable Freundin. Aber en Campagne ist man gern unbeobachtet. —

Obrist. Sie werden ja keine Wildfangsstreiche begehen —

Oberfalkenmeister. Wer weiß, Faßt seine Hand. wer weiß, Herr Obrist!

Obrist. Gerechter! Sie leben ja nur von Präservativen, Elixiren und —

Oberfalkenmeister. Dabey befinde ich mich doch überaus wohl. So viel die Geschäfte zulassen —

Obrist. Das Negotium? das geht ja wohl trefflich?

Oberfalkenmeister. Man kommt um vieles. Von unserm Geschäft zu reden — — Ach Lieber — der tolle Präsident wird doch nicht etwa kommen?

Obrist. Präsident will er nicht genannt seyn. Herr Lonau schlecht weg — und toll ist er wahrhaftig nicht.

Oberfalkenmeister. Nicht? Ach ja, doch wohl etwas — etwas sanft verrückt — das, was man aus Politesse distrait nennt.

Obrist lacht. Gar nicht. Er ist so verständig, als man seyn kann.

Oberfalkenmeister. Nun nun, Sie wollen es nicht Wort haben. Sehr poli von Ihnen gedacht. Aber wer einen solchen Posten verläßt —

Obrist. Will Ruhe haben.

Oberfalkenmeister. So eine Besoldung —

Obrist. Der ist mäßig —

Oberfalkenmeister. Solche Accidenzien —

Obrist. Die hat er stets verworfen.

Oberfalkenmeister. Das ist doch schon Verrückung. Ferner den Reitz des Stadtlebens, der Societäten —

Obrist. Das war ihm alles zuwider.

Oberfalkenmeister. Der Freundschaft —

Obrist. Seine Freunde haben ihn betrogen —

Oberfalkenmeister. Um Geld? Wohl um sehr viel! Ja, das kann um den Verstand bringen. —

Obrist. Sie haben ihn auch um Geld betrogen. Noch mehr aber ist sein Vertrauen hintergangen, sein argloses Gemüth.

Oberfalkenmeister. So hat es ihm an Politik gefehlt, also war doch die Imbecillität stets vorhanden.

Obrist ungeduldig. Sie wollten ja von unsern Geschäften reden?

Oberfalkenmeister. Sogleich! Nur eine Frage beantworten Sie mir vorher. Wenn man dem Manne begegnet — ist er — hat er nicht — grade herausgesagt, — fügt er einem kein Leid zu?

Obrist. Bewahre Gott!

Oberfalkenmeister. Ich habe einen gekannt, der war auch ganz still, hatte eine vernünftige Conduite und sprach recht manierlich. Auf einmal trat der Accès ein — er schnappte nach den Leuten und wollte sie effectivement beißen.

Obrist. Ohne Sorgen! Er geht Ihnen gewiß überall aus dem Wege.

Oberfalkenmeister. Gott sey dafür gepriesen! — Nun unser Geschäft! — Ich habe Ihnen denn die 3000 Thaler ohne Umstände gegeben.

Obrist. Auf einen sehr klausulirten Wechsel!

Oberfalkenmeister. Es ist doch nur ein Papier!

Obrist. Das mein Ehrenwort trägt.

Oberfalkenmeister. Nun ja —

Obrist. Herr, ich bin Officier!

Oberfalkenmeister. O das war ich auch!

Obrist. Fähndrich eines Kreisregiments —

Oberfalkenmeister. Sieben Jahre und neun Monate. Ohne alle Reproche.

Obrist. Kurz vor dem Kriege nahmen Sie Ihre Dimission.

Oberfalkenmeister. Ich war zu jener Zeit mit heftigen Koliken geplagt. Ich habe brav gedient — ohne mich zu rühmen, sehr brav.

Obrist. Hm! Gedient? Ihre stärkste Expedition war wohl die Begleitung des Venerabile?

Oberfalkenmeister. Item es will doch begleitet seyn! — Aber, meine allerverwickelteste Affäre war der Zug gegen ein Oberamt, das die Hartnäckigkeit erwiesen hatte, die neue Liturgie nicht anzunehmen. Der Ort der Hauptrebellen ward umzingelt, eine Acte verlesen, und so ging es zur Kirche, wo die Liturgie eingeführt wurde. Die Gemeinde kam zwar nicht herein, aber wir vom Militär dienten unserm Herrgott auf die neue Manier.

Obrist. Gewiß pünktlich nach dem Reglement?

Oberfalkenmeister. Sehr inbrünstig! Die Acte ward noch einmal verlesen, die Ordnung hergestellt, wir zogen wieder ab, und acht Tage darauf ward die alte Liturgie wieder zugelassen. Das hätte doch sehr gefährlich werden können. Sehr verwickelt —

Obrist. Wenn die Gemeinde die alte Liturgie acht Tage früher gleichfalls beobachtet hatte?

Oberfalkenmeister. Oder gar sich vergriffen?

Obrist. Vergriffen hätte sie sich in jedem Falle. —

Oberfalkenmeister. Wir hätten freylich geschossen und hatten auch viel Munition mit. Aber denken Sie, wenn wir uns verschossen haben würden.

Obrist. So hätte das Bajonet aufräumen müssen.

Oberfalkenmeister. Herr Gott ja! Aber die Leibkompagnie, wo ich stand, hatte die Ehre vorauszumarschiren. Wir hätten nun desperat angegriffen, desperat, das ist gewiß! denn es hatte jedermann vorher sich mit Gott versöhnt, und auf den Mann war eine Flasche Wein vertheilt worden.

Obrist. Da konnte es ja gar nicht fehlen.

Oberfalkenmeister. Wahrscheinlich nicht. Aber die Leute waren auch bewaffnet.

Obrist. So?

Oberfalkenmeister. Daher eben die Gefahr! Sie hatten Heugabeln, Dreschflegel —

Obrist. Eine ungeschliffne Todesart.

Oberfalkenmeister. Ich war auf alles gefaßt. Ich hatte von meinem Herrn Vater und Frau Mutter Abschied genommen.

Obrist. Wahrhaftig?

Oberfalkenmeister. Ja wahrhaftig. O die waren auch sehr in Aengsten. Zwey Meilen davon hielt der Großknecht zu Pferde, um auf allen Fall, es gehe nun, wie es Gottes heiliger Wille ist — Rapport zu bringen.

Obrist. Mein Gott! hatten Sie denn kein Testament deponirt?

Oberfalkenmeister. Was wollen Sie sagen? Freylich! Ich hatte damals schon mit allerley kleinen Händeln und Aufkaufen 2000 Gulden gewonnen. Davon waren 12 Gulden für die bestimmt, die etwa blessirt würden.

Obrist. Bey meiner Seele, Sie sind ein recht nobler Schatz!

Oberfalkenmeister. Es haben nachher manche über diese Affäre gespottet —

Obrist. Ach nein?

Oberfalkenmeister. Aber ich sage: todt ist todt. Es treffe mich nun eine Kanonenkugel auf den Kopf —

Obrist. Oder ein Dreschflegel — das kann Ihnen Niemand widersprechen. Nun unser Geschäft?

Oberfalkenmeister. Ich habe das Obige nur erwähnt, damit Sie sehen, daß ich den Dienst kenne und Officiersparole über alles halte.

Obrist. Auch darf ein Mann, der so gedient hat, nicht mein Gläubiger seyn.

Oberfalkenmeister. Zu poli, lieber Obrist!

Obrist. Er muß bezahlt werden, und sollte ich die Haare vom Haupte verkaufen.

Oberfalkenmeister. Das wird ja wohl nicht nöthig seyn! — Der Zahlungstermin ist übrigens Morgen früh.

Obrist. Ich zahle heute noch.

Oberfalkenmeister. Schön, schön! — Wie denn?

Obrist. Ich habe Ihnen meine Besitzung verschrieben. Geben Sie noch 2500 Thaler heraus und nehmen Sie das alte Haus in Gottes Namen mit allem Zubehör von Wiesen, Aeckern et caetera.

Oberfalkenmeister. Das Haus habe ich besichtigt. Zuckt die Achseln.

Obrist. Vermuthlich!

Oberfalkenmeister lacht. Es ist alt. Die Fundamente sind gut, sehr gut —

Obrist. Sie sind aus einer Zeit, wo alle Fundamente besser waren als die jetzigen.

Oberfalkenmeister. Ha! hm! Darf ich um die Hausbücher von dem Ertrag der Wiesen und Aecker bitten —

Obrist. Linde soll es Ihnen vorlegen.

Oberfalkenmeister. Linde? Hm! Das ist ein sehr — — grober Mann. Hm! Wer wird mir das Wesen hier abkaufen?

Obrist. Das ist Ihre Sache.

Oberfalkenmeister. Für einen Philosophen ist es nicht übel; die haben aber kein Geld — Für einen Kavalier, der in der Disgrace lebt, ist es zu weit von der Residenz. — — Hm! Also Sie meinten, ich sollte Ihnen noch herausgeben?

Obrist. Wie geschrieben ist.

Oberfalkenmeister. Wo denken Sie hin? Das ist viel zu viel. Ich verliere ohnehin. Ich habe mich auf die Taxe verlassen, die Sie entworfen haben —

Obrist zornig. Donnerwetter! Habe ich Sie betrogen?

Oberfalkenmeister. Du Allmächtiger! Nein. Sich haben Sie hintergangen, sich. Es ist viel mehr werth – für Sie! Nur nicht für mich! — Sie können von hier oben das Schlachtfeld übersehen, wo Sie für das Vaterland geblutet haben —

Obrist wüthend. Also?

Oberfalkenmeister. Ach das ist überaus angenehm! Ja ja. Wenn sich das Wetter ändern will und es zuckt in Ihren lädirten Gliedmaßen, so sehen Sie hinunter auf den Wahlplatz und sind getröstet. Aber ich – wenn ich mich hier umsehe — ich habe gar keine Consolation, denn ich verliere mein Geld bey dem Kauf.

Obrist. Mein Besitz ist 8000 Thaler taxirt.

Oberfalkenmeister. Gewiß von einem kuriosen Liebhaber!

Obrist. Was geschrieben ist, ist geschrieben — und es war sehr ehrlich geschrieben.

Oberfalkenmeister. Wir beiden Kameraden wollen uns nicht entzweyen. Zahlen Sie mir die 3000 Thaler, nehmen Sie Ihre Schrift zurück und behalten Sie dieß Kleinod! denn das ist es für Sie.

Obrist. Ich kann Sie nicht bezahlen!

Oberfalkenmeister. Nicht? — Nun — wenn Ihnen denn so viel daran liegt, die 2500 Thaler noch heraus zu bekommen — ha ha ha — es giebt wohl ein Mittel, daß ich mich dazu verstehe.

Obrist. Ihre verdammte Schuldigkeit!

Oberfalkenmeister. Ach davon wollen wir gar nicht reden. — Sehen Sie mich einmal an — recht freundlich — nun — aber recht freundlich! He? Wollen Sie —

Obrist. Ich habe keine Lust dazu.

Oberfalkenmeister. Ey was wollten Sie nicht? — Sie werden doch lachen können? Unser gnädigster Herr lacht, wie ich nur in die Thür trete.

Obrist. Sehr unrecht! Er sollte weinen.

Oberfalkenmeister. Und die gnädigste Frau hat mich exprès gebeten, sie nicht anzusehen, wenn fremde Herrschaften da wären, sie müsse mir ins Gesicht lachen.

Obrist. Bey meiner armen Seele — lacht. die gnädigste Frau hat Recht!

Oberfalkenmeister lacht. Nicht wahr? O Sie kennen mich noch nicht! Ich kann so närrisch seyn, lacht. ein ganzes Konsistorium getraue ich mir aus einander zu sprengen durch das Gelächter!

Obrist lacht Da ich Sie recht genau betrachte — finde ich wirklich, daß ich recht von Herzen lachen muß.

Oberfalkenmeister. Charmant! Faßt seine Hände So ist es recht. — Sie haben eine überaus hübsche Tochter!

Obrist lacht. Ach du lieber Gott!

Oberfalkenmeister. Und ich habe ein überaus zärtliches Herz — jetzt denken Sie weiter nach. Nur die Kommerzienräthin muß nichts erfahren, sonst sind wir alle verloren. Wenn das Fräulein Sophie — wenn die auch lächeln will — ha ha ha so — ha ha — Der Husten überfällt ihn im Lachen. — exkusiren Sie, hustet. die Verkältung von hustet. der Nachtreise! Hustet und geht.

Obrist sieht ihm nach, lacht, schlägt die Hände zusammen. Alter — dummer Junge! Geht durch die Mitte.

Dritter Aufzug.

Des Obristen Wohnung.

Erster Auftritt.

Albert. Madam Lonau.

Madam Lonau tritt sehr in Bewegung herein. Komm, Albert! Hier werden wir ja eine Weile ungestört bleiben. Dein Vater bleibt sehr fest — es ist die höchste Zeit, daß ich ernsthafte Maßregeln nehme. Rede! Was soll mit dir werden?

Albert kalt. Ich bin nicht darum bekümmert.

Madam Lonau. Ich bin zu allem bereit. Ich werde schreckliche Dinge thun; aber du mußt auch Hand anlegen. Du mußt reden —

Albert. Wovon kann ich hier reden?

Madam Lonau. Von deiner Gelehrsamkeit! Von — — ja — wir passen freylich nicht zu dir, denn du bist ein großer Mann. Ja, ein großer Mann, das würden wir in deiner Nähe fühlen, hättest du es auch nicht selbst gesagt.

Albert. Es ist wahr, mein Ruhm steigt mit jedem Tage.

Madam Lonau. Es kostet zwar ein Heidengeld; aber der Ruhm ist doch da, und nun wird auch gewiß deine Einnahme angehen.

Albert. Jeder niedergestürzte Name ist reiche Einnahme.

Madam Lonau. Du brauchst viel!

Albert. Ich habe noch immer genug gehabt.

Madam Lonau. Dein Erbtheil hast du schon sehr —

Albert. Lassen Sie uns nicht rechnen. Es ist gar zu kleinlich.

Madam Lonau. Deine Schulden —

Albert. Pah! Immer von Schulden? Solche Armesünderangst gehört für Tagewerker. Elende Romanen- und Komödienschreiber mögen mit diesem gemeinen Stoff engbrüstige Menschen hetzen —

Madam Lonau. Aber dir fehlt doch alles?

Albert. Ich habe mich!

Madam Lonau. Du hast keinen Erwerb —

Albert. Mir genügt mein Ideal!

Madam Lonau. Immer neue Schulden!

Albert. Meine Fantasie bleibt frisch.

Madam Lonau. Wenn gar die Gläubiger dich einmal einsperren sollten?

Albert. Das wird mich nicht hindern, angenehm zu träumen.

Madam Lonau. Wo denkst du hin? Die Schande brächte mich um!

Albert. Weg mit der Ehre des großen Haufens, sie ist werthlose Scheidemünze!

Madam Lonau. Die Welt ist freylich jetzt ganz umgekehrt. — Willst du denn wirklich Officier werden?

Albert. Diese Bahn beut sich dar — ich gehe sie. Mißfällt sie mir, so lege ich den Degen weg und dränge mich in ein anderes Verhältniß. Ueberall werde ich den Feuerstoff zünden, wo ich ihn finde.

Madam Lonau. Aber die Heirath?

Albert. Das Mädchen ist hübsch. — Zudem ist ja eine Ehe nichts mehr als ein Kontrakt, welchen jeder aufhebt, dem er lästig wird.

Madam Lonau. Albert! Etwas erschrocken.

Albert. Diese Meinung liegt schon in allen Gemüthern, man muß es erzwingen, daß sie Gesetz werde.

Madam Lonau. Sollte das gut seyn?

Albert. Durchaus! Zum Beyspiel — Sie und der Vater würden, von einander getrennt, gewiß ungezwungener leben als vereint. Betrachten

Sie die Sache als Kontrakt, so heben Sie auf — und Beide sind dann zufriedner.

Madam Lonau. Das ist wahr. Aber doch —

Albert. Ich bin eben daran, eine Broschüre herauszugeben, worin ich klar darthue, daß, nach Principien der reinen Vernunft, jede Ehe nur auf gewisse Jahre kontrahirt werden sollte.

Madam Lonau. Das ist ganz neu. Davon habe ich noch nichts gehört.

Albert. Dieser Funke wird zünden, und den Ruin des alten Gebäudes vollenden.

Madam Lonau innig Wenn dann nur auch die Welt erfährt, daß du der große Zerstörer bist!

Albert. Dafür ist gesorgt.

Madam Lonau. Also ist man schon so weit?

Albert. Viel weiter.

Madam Lonau. Drum! Wir hier wissen gar nicht, was in der Welt vorgeht.

Albert. Jeden Tag zerbricht das große Treiben eine Form, die gestern noch galt. Brausend wird die gemeine Mehrheit auf die Höhe geschleudert; was nicht hinan kömmt, liegt zermalmt im Grunde. Einzelne Kolosse triumphiren auf der Zinne der Vollendung.

Mad. Lonau fröhlich. Du bist doch auch ein triumphirender Koloß? O ja! — Dein Vater zwar — meint, du würdest — ausgelacht. —

Albert. Daß der Kleinhöker-Pöbel mich verspottet, beurkundet meine Kraft. Das nächste Jahrhundert wird mich würdigen.

Madam Lonau entzückt. Ja wenn ich dich so reden höre, gewaltig wie der Allwissende, so zornig, als wärest du allein Herr der Welt — dann könnte ich für Freude weinen, umarmt ihn. du lieber Zorniger!

Albert. Der Zorn ist die höchste Menschenwürde!

Madam Lonau. Das sage ich täglich! Nicht gezankt, ist nicht gelebt!

Albert. Der Zorn verheert, vernichtet, schafft neu. Sein Wetterstrahl vertilgt das Kleine und stattet die Seele aus mit Göttermacht.

Madam Lonau. Mein Albert! Ja, so bin ich auch. Wenn ich alles im Hause herum kehre — dann komme ich mir vor wie ein — ein besonderes Wesen.

Albert. Gelinde Mittel, halbe Mittel!

Madam Lonau heftig. Drum keine Gelindigkeit —

Albert. Vergöttert oder vertilgt. Sanftmuth und Schonung ist die Wiege der niederträchtigen Mittelmäßigkeit.

Madam Lonau. Laß dich küssen, geliebter Wütherich! — So bin ich auch. Für den geringsten Fehler kein Erbarmen. Sie müssen hier alle zittern, denn die meiste Tugend wird doch nur aus Angst geübt.

Albert kalt. Es giebt gar keine Tugend.

Madam Lonau erstaunt. Meinst du?

Albert. Was man so nennt, ist Feigheit. Selbsterhaltung, Herrschsucht und Rache — diese großen Erregbarkeiten sind das einzige Gute.

Madam Lonau schnell. Für die Herrschaft lasse ich das Leben; und der Rache bin ich auch sehr zugethan.

Albert. Das ist die Kraft des Selbstgefühls.

Madam Lonau. Nicht wahr?

Albert. Der Sturm schleudert verborgne Kräfte zu Tage.

Madam Lonau. Dein Vater soll so in die Enge getrieben werden, daß er sich wohl geben muß. — Das Leben hier bin ich überdrüßig.

Albert. Begreiflich!

Madam Lonau. Zahlt dein Vater nicht für dich, so dringe ich darauf, daß er die Hälfte meines Eingebrachten herausgiebt. Das darf ich!

Albert. Der Mensch darf alle Wege bahnen, die seine Kraft betreten will.

Madam Lonau. Ich werde meinem Mann drohen, ihn zu verlassen. Achtet er darauf nicht; so ziehe ich wirklich fort.

Albert. Nach Ihrem Bedürfniß!

Madam Lonau. Ich kann so gut eine Figur in der großen Welt vorstellen, als meine Schwester. Jetzt gehe ich ans Werk — in einer Stunde soll alles anders aussehen. Man wird mir widersprechen — aber dann sollst du mich vernehmen. Albert, du bist groß im Zorne — aber ich bin auch nicht uneben. Dürfte ich gegen deine gelehrten Widersacher reden, was du gegen sie schreibst — nicht einer sollte zu Worte kommen und wären ihrer Hunderte. Geht ab.

Zweyter Auftritt.

Vorige. Unterofficier Linde.

Unterofficier mit mühsam verhaltenem Zorn. Der Herr Obrist ist mit dem alten Baron ausgefahren?

Albert. So höre ich.

Unterofficier. Der Herr Obrist will hier alles verkaufen. Haben Sie das auch schon gehört?

Albert. Ja!

Unterofficier. Und Sie waren im Stande —

Albert. Was giebts?

Unterofficier. Hm! gefaßt. Sie — wollen doch Officier werden?

Albert. Nun?

Unterofficier. Kein Mensch kann ohne Ehre bestehen. Kaum an sich haltend. Ein Officier gar nicht.

Albert. Was soll das heißen?

Unterofficier heftig. Hier muß nicht verkauft werden! So viel heißt es.

Albert. Ich habe nicht den Obristen aufgesucht, sondern er mich.

Unterofficier. Ich weiß. — O ja! Es hat — es hat sich so finden müssen.

Albert. Also?

Unterofficier. Nur ist es gewaltig rasch damit zugegangen, der Herr Obrist sprach eben damals viel von Ihrem wackern Vater, dazu ward rasch getrunken, dabey hat er denn rasch versprochen, rasch unterschrieben — und so wird der eigensinnige ehrliche Mann — rasch auszahlen.

Albert. Sollte er ein Wort gegeben haben, das ihn drückt, so ist es mir leid. Es war sein freyer Wille —

Unterofficier lacht zornig. Warum das nicht?

Albert. Ich hoffe künftig —

Unterofficier. Künftig? Wenn Degen und Schärpe zum letzten Mal über ihm gelegen haben — so ist nichts mehr nöthig.

Albert. Was meint Er denn? *Die Kommerzienräthin tritt ein.*

Unterofficier. Was ich meine? daß ich eher für Hunger in den Hut beißen werde, als daß ich den Eckpfosten unter dem Dache wegreißen sollte, worunter ein verdienter Kriegsheld die alten Wunden verschmerzt. *Geht ab.*

Dritter Auftritt.

Kommerzienräthin. Albert.

Kommerzienräthin. Was will das Gespenst aus der Rüstkammer? Du wirst dich doch nicht ärgern!

Albert. Bewahre! Er ist konsequent, das erlaube ich Jedermann.

Kommerzienräthin. Sophie will dich nicht!

Albert. Sie erklärt geradezu, daß sie meinen Bruder liebe und mich nicht wolle.

Kommerzienräthin. Fatal! Diese Heirath hat eigentlich den Obristen zum Darlehn disponirt.

Albert. Wüßte der Vater, daß der Obrist für mich bezahlt hat, er würde das Geld gewiß zurück geben.

Kommerzienräthin. Sage es ihm.

Albert. Habe ich nicht unzähligemal betheuren müssen, das zu verschweigen?

Kommerzienräthin. Ein Wort ist ein Hauch. Es wäre sehr inkonsequent, es zu halten.

Albert. Höchst konsequent! Das Wort, was ich hier nicht spreche, trägt ja 3000 Thaler ein.

Kommerzienräthin. Das ist nur für den Augenblick gut. Deine Zukunft ist mehr werth, als 3000. Thaler und ein Ehrenwort.

Albert. Breche ich es, so sind unendliche Händel mit dem tollen Obristen da.

Kommerzienräthin. Pah! Ein kränklicher alter Mann — er pocht und schilt im Lehnstuhl, du fliegst in die Welt. Er muß sakrificirt werden. Seine Militäridee für dich ist ohnehin nichts —

Albert. Ich für mein Theil habe mich nie damit ernstlich beschäftigt.

Kommerzienräthin. Aber darauf bestehe ich, daß du die Heirath heute bis zur Verlobung treibst; dann laß alles gehen, wie es wolle. Bald kannst du ganz abbrechen.

Albert. Reifen meine Plane, blüht einst mein Glück, so zahle ich dann dem Obristen aus.

Nöthig ist er mir jetzt nicht mehr, da die Mutter, wenn der Vater nicht zahlt, sich von dem Vater trennt —

Kommerzienräthin. Sie hat Recht.

Albert. Die Hälfte ihres Eingebrachten fordert —

Kommerzienräthin. Gut.

Albert. Und wieder in die Welt zieht.

Kommerzienräthin. Sie wird fürchterlich darin ausgelacht werden, aber es gefällt mir doch. — Für jetzt treibe nur deine Verlobung mit Sophien, sie muß heute noch seyn! Sonst bringe ich den Oberfalkenmeister hier nicht weg und —

Albert. Sie glauben doch nicht, daß er ernstlich liebt?

Kommerzienräthin. Alte Leute seiner Art haben ihre frommen Stunden und durch einen Liebesanfall können sie in Großmuth gerathen. — Wer weiß, wohin er gebracht werden kann!

Albert. Nimmermehr!

Kommerzienräthin. Dieser Elende muß in meinen Ketten bleiben. Einen so emsigen Geschäfts-Tagewerker bekomme ich nie wieder. — Still! Ist es nicht Hans, der daher tölpelt? — Ja. Ich will dem Kinde einen Ball zuwerfen — je ungeschickter er ihn weiter schlägt, je besser!

Vierter Auftritt.

Vorige. Hans.

Hans lacht. Die Mutter verlangt nach Ihnen Beiden.

Kommerzienräthin. Geh zu ihr, Albert, ich komme gleich nach.

Albert geht

Hans. Sie ist gewaltig aufgebracht.

Kommerzienräthin. Worüber?

Hans. Das weiß ich nicht. Sie weiß es gewöhnlich selbst nicht. Aber dießmal ist ein Unheil passirt.

Kommerzienräthin. Ein Unheil?

Hans. Schon vor vier Stunden war aller Staat hervorgesucht, und auf Tische und Stühle ausgebreitet. Des Pastors beide Töchter sind da. Die alten Kleider werden lang und kurz gemacht — es schneidet und nähet alles, was Finger hat. So viel habe ich wohl vernommen, die alten Kleider sollen Griechisch werden, ob sie wollen oder nicht.

Kommerzienräthin. Ha ha ha!

Hans. Wie die Mama herüber gekommen ist, warf sie die Haube in eine Ecke, stürzte sich in einen Pudermantel, des Oberfalkenmeisters Louis war eben da, dem befahl sie, er sollte ihr eilends den Kopf auf Griechisch zurecht setzen —

Kommerzienräthin lacht. Immer besser!

Hans. Der Louis war gleich bereit. Aber der arme Narr soll sich lange nicht satt gegessen haben, der Herr Linde hatte ihm einen guten Trunk gegeben. Nun mochte er ein wenig doppelt sehen. — Kurz, er hat die Mama so glatt geschoren, daß es ganz wunderlich anzusehen ist.

Kommerzienräthin. Und nun soll ich Rath geben?

Hans. Vermuthlich. Die Mama ist desperat wild. Ich lachte — — und Sie werden auch lachen — ich muß noch lachen, wenn ich denke, daß die ehrliche Mama jetzt einen Kopf hat beynahe so glatt wie ein Wickelkind —

Kommerzienräthin. Du lachst? Deine Lage ist doch sehr ernsthaft. Du verlierst Sophien.

Hans. Glauben Sie das nicht, der Bruder liebt sie nicht.

Kommerzienräthin. Ach ja, und der Obrist besteht darauf.

Hans. Sophie liebt den Bruder auch nicht.

Kommerzienräthin. Aber Sophiens Vater —

Hans. Dem wirbeln seine Trommeln noch vor. Wenn das sich gegeben hat, findet er sich wieder.

Kommerzienräthin. Der Herr Oberfalkenmeister ist auch dein Nebenbuhler.

Hans. Den halte ich für todt.

Kommerzienräthin. Was?

Hans. Mein Seel! der ist gestorben und weiß es nicht!

Kommerzienräthin. Beynahe! Aber sein letztes Laken kann dich sehr inkommodiren. Er hat viel Geld!

Hans. Und viel Runzeln.

Kommerzienräthin. Der Obrist braucht jetzt Geld!

Hans. Er braucht einen Sohn.

Kommerzienräthin. Hans, sey vernünftig! Tritt deinem Bruder Sophien ab.

Hans. Gar nicht. Wahrhaftig nicht.

Kommerzienräthin. Ich habe Vermögen, und ich ließe mich vielleicht bewegen, dich einst zum Haupterben einzusetzen, wenn du sie gleich abtreten wolltest.

Hans lächelt. Ich sehe —

Kommerzienräthin. Du überlegst?

Hans. Ich bin schon damit fertig.

Kommerzienräthin. Nun?

Hans. Machen Sie einen andern glücklich, ich bin zufrieden und brauche nichts mehr.

Kommerzienräthin. Aber —

Hans. Der Vater sagt oft, er hätte mein Theil in Sicherheit gebracht. Ey, er soll dem Albert nur davon geben, was er braucht. Ich merke wohl, die Gesichter verziehen sich doch nur deshalb so gewaltig. Der Vater soll dem Albert nur geben. Aber hernach muß der auch einmal vom Herzen wegreden. Ich möchte ihn wohl hören, denn alles, was er nicht spricht, hat schweres Geld gekostet, und doch sieht er so todt darein, wie ein Gemählde an der Wand.

Kommerzienräthin sieht ihn an und schüttelt den Kopf.

Hans. Habe ich was unrechtes gesagt?

Kommerzienräthin. Junger Mensch! dir rathe ich, bleibe Zeitlebens hier oben, Herr über Vermögen und Willen — ein Jahr in der großen Welt — und du müßtest in ein Tollhaus gesperrt werden, wenn dich kein Armenhaus aufnehmen wollte. Geht ab.

Hans. Oho! Die Tante spricht nicht besser von der Welt, als der Vater! Ich habe manchmal gedacht, er machte es zu arg; aber wenn es so ist, wie die Tante spricht, muß doch was dran seyn. Drum bleibe ich hier oben in guter Gesellschaft. Er geht, indem tritt Sophie ein.

Fünfter Auftritt.

Hans. Sophie.

Hans. Ah! da bist du ja!

Sophie unruhig. Lieber Hans, was willst du jetzt hier?

Hans. Dich! Dich — und immer dich!

Sophie ängstlich. Der Vater muß nun bald zurück kommen!

Hans. Ich fürchte ihn nicht.

Sophie. Er ist noch immer sehr aufgebracht. Er hat gedrohet, er würde mich zwingen.

Hans. Was hast du geantwortet?

Sophie. Ich würde gegen Albert, noch in der Kirche, Nein! sagen.

Hans. Und der reiche Oberfalkenmeister?

Sophie. Er verfolgt mich überall mit seiner Liebe. Vorhin warf er sich recht mühselig auf beide Knie —

Hans. Laß ihn nur liegen.

Sophie. Ich kann über alle diese Dinge gar nicht lachen. Ich liebe dich so herzlich. —

Hans. Du liebe treue Seele! Wie soll ich dir das verdanken? Fordre doch etwas von mir, das ich aus Dankbarkeit thun soll. Aber es muß etwas mühsames seyn!

Sophie. Sey nur recht vorsichtig.

Hans. Was heißt das?

Sophie. Du bist so lustig, wenn der Vater da ist. So gefällst du ihm nun gar nicht.

Hans. So oft ich ihn sehe, bitte ich um dich. Kann ich denn dabey traurig seyn?

Sophie. Er will ja nicht, daß du mein werden sollst. Ist denn das lustig?

Hans. Nein, gar nicht. Aber ich weiß, daß es nicht dabey bleibt, drum gräme ich mich nicht.

Sophie. Die Sachen stehen gar nicht gut. Er will hier wegziehen.

Hans betroffen. Was?

Sophie. Er will hier alles verkaufen.

Hans lebhaft. Das darf er nicht.

Sophie. Es ist sein Ernst.

Hans ernst. Das leidet der Vater nicht.

Sophie wehmuthig. Glaube mir, ich werde dich lange nicht mehr sehen.

Hans heftig. Das geht nicht, daraus wird nichts.

Sophie. Treu bleibe ich dir gewiß. Gewiß!

Hans mit Muth. Geht er hier weg? so gehe ich mit.

Sophie. Um alles in der Welt nicht!

Hans mit Feuer. Ich lasse dich nicht aus den Augen!

Sophie ängstlich besorgt Du darfst nicht merken lassen, daß du von seinem Plane weißt.

Hans heftig. Das werde ich gleich überall merken lassen!

Sophie. Hätte ich es dir nur nicht gesagt!

Hans. Hier wegziehen? Jetzt werde ich sobald nicht wieder lustig. Es darf dir dafür nicht bange seyn.

Sophie. Dann bleibe ich, es gehe wie es wolle.

Hans. Ich halte es keinen Augenblick mehr hier aus, wenn du fortgezogen bist. Aber mich betriegen sie nicht, ich folge deinem Wagen —

Sophie. Lieber Freund! Nein, nein —

Hans. Ja, das thue ich. Zu Fuß, zu Pferde — wo ihn meine Augen abreichen, da gehe ich hin, und wenn sie mir Degen und Pistolen vorhalten.

Sophie. Du vergißt die Heftigkeit meines Vaters. Er wird Gewalt brauchen, er wird —

Hans. Gewalt? Recht gut. Desto besser! Das soll er nur thun.

Sophie immer banger. Rede nicht so laut —

Hans. Ey was! Es gilt mein Leben und dich, und was mir Freude am Leben giebt. Wer mir das nimmt, der begeht einen Mord an mir, und dazu rede ich nicht leise.

Sophie. Ich will ja alles versuchen.

Hans. Ich will alles thun! Alles!

Sophie. Was kannst du thun?

Hans. Das weiß ich nicht. Was die Noth fordert, darauf gehe ich zu. Sie wollen Gewalt gegen dich brauchen? Daran darf ich nicht denken, sonst gehe ich gleich weg, hin, suche deinen Vater auf im Felde, oder wo er seyn mag, und frage ihn, was er für ein Recht hat, dich zu quälen und uns beide unglücklich zu machen. Geht. Ja, das will ich thun.

Sophie schließt ihn fest in ihre Arme. Nein, nein! Das darfst du nicht.

Hans. So hast du mich noch nie umfaßt.

Sophie tritt zurück

Hans. So glücklich war ich noch nie. Nun sollte ich gelassen zusehen, wie sie dich aus meinen Armen rissen?

Sophie. Du weißt, daß ich dir Wort halte —

Hans. Und darum sollst du gequält werden? Das soll ich so dulden, hier oben ein Lied pfeifen, während du in dein Tuch weinst und keine Seele zum Trost hast?

Sophie. Höre mich doch, komm doch zu dir!

Sechster Auftritt.

Obrist tritt ein. Vorige.

Hans. Ey ich bin, wo ich seyn soll! Wenn dein Vater nur da wäre? Wenn er nur gleich jetzt herein käme!

Obrist tritt, indem er ihn auf die Schulter schlägt, in die Mitte Hier ist er!

Sophie fährt zurück Mein Gott!
Hans mit Feuer. Gut, gut! Recht gut!

Obrist zu Sophie. Wer hat dir erlaubt, zu ihm zu kommen?

Hans. Ich habe sie aufgesucht.

Obrist zu Sophie. Antworte!

Hans. Sie hat mich gehen heißen, aber ich habe nicht gewollt.

Obrist. Ich rede nicht mit Ihm.

Hans. Aber ich rede zu Ihnen.

Obrist heftig. Und was?

Hans. Daß ich Sie gar nicht fürchte. Nein, gar nicht.

Obrist. Bursche!

Hans. Weil ich Sie als Vater liebe, und Sie ehrlich bitte, lieben Sie auch mich. Ich weiß, daß ich es verdiene.

Obrist. Hinaus!

Hans entschlossen. Nein!

Obrist. Er untersteht sich —

Hans außer sich. Ich stehe vor Ihnen auf Leben und Tod.

Obrist. Das Donnerwetter soll Ihn —

Hans. Fluchen Sie; aber hernach geben Sie ehrlich Rede und Antwort.

Obrist kurz Ich habe heut schon geantwortet.

Hans eben so. Dabey kann es nicht bleiben.

Obrist. Warum nicht?

Hans. Weil es mir das Leben kostet und — und ihr auch. Ja ihr auch. Sage dem Vater das jetzt, er ist gut und kann nicht unbewegt bleiben, wenn er weiß, daß wir für Gram sterben.

Obrist zu Hans. Dummes Zeug! Und du, schämst du dich nicht, Sophie? Geh auf deine Stube.

Hans hastig., Thu' es nicht!

Obrist. Junge!

Hans. Wenn er deine Thränen nicht mehr sieht, ist alles verloren.

Obrist. Woher auf einmal der Sturm?

Hans. Ich weiß, daß Sie hier wegziehen wollen —

Obrist. Wer hat dir das gesagt? — Antwort! Gleich. Wer?

Sophie mit Ausbruch des Gefühls. Die Liebe.

Hans. Sie dürfen nicht wegziehn.

Obrist finster. Es ist genug!

Hans gerührt. Meinen ehrlichen Vater verlassen. —

Sophie. Nein, das können Sie nicht.

Hans. Haben Sie nicht mit ihm einen Bund auf den Tod geschlossen? Was hat er Ihnen zu Leide gethan?

Obrist. Schweig!

Hans. Warum soll er mit schwerem Herzen allein hier oben um das leere Haus herumgehen?

Obrist unmuthig. Sein Herz ist nicht —

Hans mit edlem Trotz. Sie können nichts gegen sein Herz einwenden. Auch gegen meines nicht. Habe ich Sie nicht treulich auf Ihrem Lager gepflegt, wenn Sie krank waren? Ihr eigner Sohn könnte nicht mehr thun. Aber wenn Sie mir Sophien geben, so will ich Tag und Nacht darauf denken, ob ich doch noch mehr thun könnte. Sophie! sagst du denn gar nichts? — Was er für dich nicht thut — für mich thut er nichts!

Sophie fällt mit lauten Thränen dem Vater in die Arme. Vater! Lieber Vater!

Obrist ärgerlich. Was ist denn an dem Menschen gelegen, daß du so viel Lärmen deswegen machst?

Hans verlegen. Das weiß ich nicht. Sey so gut und sag ihm, wie du das meinst.

Sophie. Ach er ist so gut, so —

Obrist rasch. Unterstehst du dich, seine Lobpreisung anzustimmen, so schicke ich dich auf der Stelle fort in die Stadt.

Hans. Sage es ihm nicht. Er weiß wohl, daß du mir gut bist, aber er fürchtet sich davor.

Obrist. Was? Wie? schnell. Fürchten — das Mädchen — Ihn? Euer Gepinsel fürchten? Ich?

Hans. Ja ja, so ist es. Sie fürchten sich vor unsrer guten Sache.

Obrist. Soll ich mich an dir vergreifen?

Hans, ruhig, dreist, aber respektuös. So hören Sie mich in der Ordnung an, wenn Sie Courage haben.

Obrist. Wer Courage hat, wartet meine Antwort ab. Nun sprich!

Hans. Da stehe ich vor Ihnen, ein einzelner ehrlicher Kerl, den Sie zu Boden schlagen wollen. — Das können Sie allein. Haben Sie gute Sache, weshalb nehmen Sie so viele Helfershelfer dazu?

Obrist auffahrend. Helfershelfer?

Hans. Mutter, Tante, Bruder, Sie — alles ist gegen mich ausgezogen. Für mich streitet Niemand. — Ey das weiß ich denn doch — im

Kriege haben Sie gegen den überlegenen Feind nicht so viel Hülfe gebraucht, als Sie gegen mich zusammenrufen.

Obrist etwas überrascht. Hm!

Hans. Als Sie da unten im Hohlwege den ganzen Schwarm so lange aufgehalten und mit den wenigen so mannhaft alles gerettet haben —

Obrist verdrießlich. Was soll das hier?

Hans. Da standen Sie allein, ohne Hülfe, wie ich jetzt vor Ihnen stehe.

Obrist. So führe Er seine Sache allein zum Ende, wie ich auch that.

Hans. Dem Feinde mit seinen starken Rotten brachte es wenig Ehre, daß zuletzt der Schwächere darniedergeschlagen ward.

Obrist mit Feuer. Ich bin nicht darnieder geschlagen!

Hans eben so. Ich auch nicht!

Obrist ohne auf ihn zu hören. Mit Wunden bedeckt bin ich gefallen. Hier war kein Sinn mehr, zu ordnen; keine Stimme, Feuer zu gebieten; so drang die Menge ein. Geht umher.

Hans. Wenn diese Hände nichts mehr packen, zerreißen und zerbrechen können, gebe ich sie noch nicht auf.

Obrist mit sich beschäftigt Sinnlos ward ich ja vom Schlachtfelde getragen! Geht umher.

Hans neben ihm. Bis Sie mir das Leben genommen haben, sage ich Ihnen, ich liebe Sie.

Obrist im Feuer Nun so halte dich brav!

Hans. Das will ich.

Obrist. Bettle keine Hülfe.

Hans. Das will ich nicht.

Obrist. Auch nicht von der da.

Hans. Stehen Sie allein mir gegenüber?

Obrist. Allein! Ich und mein fester Wille, das Madchen dir nicht zu geben.

Hans. Die andern gelten nichts?

Obrist. Gelten nichts! Hier steht der Feind — ich will dich nicht.

Hans. Macht nichts. Sie sind ein ehrwürdiger Feind.

Obrist. Bedanke mich. Bleibe doch Feind!

Hans. Wenn ich aber Sie überwältigt habe, daß Sie nichts mehr gegen mich einwenden können, wollen Sie es ehrlich gestehen?

Obrist. Ja.

Hans. Ein Wort?

Obrist. Ein Mann!

Hans. Nun so laß dann sehen, was ich thun kann, das den Vater zwingt, mich lieb zu haben.

Obrist. Aber jetzt fort!

Hans. So bald Sie Ihre Schuld an mich abbezahlt haben.

Obrist. Ich bleibe nie schuldig. Was ist's? Heraus!

Hans. Sie sind heute verächtlich mit mir umgegangen, und, wenn Sie mich auch nicht leiden können, Verachtung verdiene ich nicht.

Obrist. Zugestanden!

Hans. So machen Sie Ihr Unrecht gut.

Obrist. Das will ich; aber nicht durch meine Tochter.

Hans. Von der ist jetzt nicht die Rede.

Obrist. Was verlangst du denn?

Hans. Geben Sie mir die Hand.

Obrist etwas bewegt. Da ist sie!

Hans. Ich danke Ihnen. Greift rasch darnach. Auf einen gescheidteren Kopf mögen Sie Ihre Hand wohl legen. Auf ein ehrlicheres Herz nicht, darauf kann ich leben und sterben. Geht ab.

Obrist mit gutartiger Heftigkeit ihm nach. Aber Feinde bleiben wir doch! Bewegt. Weiß Gott, es kann nicht anders seyn.

Siebenter Auftritt.

Obrist. Sophie.

Sophie. Ist er nicht brav? Ist er nicht —

Obrist. Er hat Courage —

Sophie. Und ein so —

Obrist. Wie ein Bauerknecht. Ich brauche mehr.

Sophie mit ausströmenden Thränen, sich an seinen Busen werfend. So lange habe ich mich gehalten — nun lassen Sie mich weinen, gönnen Sie mir den Trost!

Obrist. Nun weine! Erinnere mich, daß ich eine Tochter habe und keinen Sohn.

Sophie ihn sanft ansehend Ich sage nicht, daß ich die Mutter verloren habe.

Obrist. O die — ja wenn die noch lebte, die hätte ganze Tage mit dir geweint.

Sophie. Ihre kleine Marie — Ihre verehrte Freundin, wie Sie so oft sie nannten!

Obrist. Brav war sie — gewaltig weinerlich — aber sonst gescheidt und überaus gut. Wie ich an den harten Wunden litt, und unser alter Feldprediger Knochenius in mein wildes Murren gegen das Schicksal kalt und breit hereinschrie — Römer am 13. im 7. Vers, hieß ihn die Selige freundlich schweigen und wußte so mild und vernünftig zu reden, daß der Sturm sich legte und ich begütigt, still und zufrieden meinen Kopf auf ihre Brust sinken ließ. — Sie war recht gut! — Nun sprich, Sophiechen — rede, was du willst; nur nicht von dem Menschen.

Sophie. Albert kann ich nicht lieben.

Obrist abbrechend. Einen Pachter will ich nicht. — Ich hänge nicht an unserm Adel, Ehre und Waffen adeln, drum will ich Albert. Den Landmann verwerfe ich.

Sophie. Wenn nun Hans —

Obrist. Hans? — Höre nur, wie das lautet! Wann hat so ein Mädchen um einen Hans geweint? — Schäme dich.

Sophie. Wenn er Sie nun überwältigt? Wenn Sie selbst —

Obrist. Possen! Was kann er thun? Mir ein sauber geschriebnes Register vorlegen, dir ein Bouquet? — Morgen ziehen wir ab, vergiß ihn.

Sophie. In Ewigkeit nicht.

Obrist. Ist das dein letztes Wort?

Sophie. Ja. Sie haben der Tochter den Muth eines Sohnes gegeben. — Kann ich nicht für das Vaterland sterben, so sey es für die Wahrheit. Sollte ich damit Ihren Unwillen reitzen — Ihre Achtung wird ihn mildern. Geht ab.

Obrist. Impertinent! — aber brav! Wärest du ein Sohn, die Fahne in der Hand vorwärts, wohin könntest du gelangen! — Hm! — Sie ist ein Kind, das ein Spielwerk nicht missen will. Mein Plan für sie ist vernünftig, ich setze ihn durch. Einst wird sie mir das Dank wissen.

Achter Auftritt.

Herr Lonau. Obrist.

Obrist. So! Nun rückt das zweyte Treffen an.

Lonau. Lieber alter Freund, bist du nun gelassen?

Obrist. Wenn du jetzt vernünftig bist.

Lonau. Wäre das Fieber noch da?

Obrist. Ein Entschluß ist kein Fieber.

Lonau. Ueble Laune darf nicht Entschluß heißen.

Obrist. Das Hin- und Hermanövriren ist unnütz. Wir passen nicht mehr für einander. Ich ziehe weg.

Lonau. Ist das wahr?

Obrist. Wahr!

Lonau. Ich habe es nicht glauben wollen.

Obrist. Ich verkaufe alles.

Lonau. Das macht mir große Sorge.

Obrist. Dir bleibt ja der Hans!

Lonau. Hans ist sehr zuverlässig.

Obrist. Der alte Ernst auch!

Lonau. Auch.

Obrist heftig. Mich soll der Teufel holen, wenn ich dir nachgebe.

Lonau. Ich fordre ja nichts!

Obrist. Was willst du denn hier? Rede! Was denkst du jetzt?

Lonau. Ich wundre mich, daß du die vergangene gute Zeit, die wir hier mit einander verlebt haben, auf einmal vergessen hast.

Obrist. Du hast sie vergessen, du! Darum gehe ich.

Lonau. Was habe ich dir zu Leide gethan?

Obrist. Du bist unzuverlässig. Sonst, wenn deine Frau nur die Augbraunen zum Gewitter aufzog — sagtest du schon Ja.

Lonau. Damit ich nicht zanken hörte.

Obrist. Hast dir eher alles gefallen lassen, als dich von der Zänkerin scheiden wollen —

Lonau. Wer an den Lärm eines Mühlrades gewöhnt ist, vermißt es, wenn es weggenommen wird.

Obrist. Hast für Albert alles bezahlt —

Lonau. Nun verbietet mein Gewissen mehr zu thun —

Obrist. Nein! Dein dummer Hans will es nicht. Ich, dein bewährter Freund — ich biete mein Kind für deine verrosteten Thaler — aber da stehst du fest. Ziehst gegen Frau und Freund aus, um einem Burschen ohne Werth und Ehre dienstbar zu seyn.

Lonau. Hans ist durchaus unschuldig! ist durchaus redlich!

Obrist. So behalte deinen Trost, ich stehe in der Freundschaft nicht nach, wie in der Ehre; darum ziehe ich hier weg.

Lonau. Darum? Nein, darum nicht. Gott weiß, welche gutherzige Uebereilung dein Hitzkopf durchsetzen will.

Obrist. Mein Hitzkopf ist gut und —

Lonau. Mehrentheils.

Obrist. Daß ich kein wankendes Rohr bin, dabey kann ich verlieren, aber meine Freunde nicht.

Lonau. Soll meine Geduld nichts gelten?

Obrist. Schwachheit!

Lonau. Ey, zur Ausdauer gehört Muth!

Obrist. Ich verstehe mich nicht auf Civilistenmuth.

Lonau. Weilert!

Obrist heftig. Das Leben wollen wir uns darüber nicht verbittern. Also — Basta. Hast du mir sonst noch etwas zu sagen?

Lonau. Du hältst es in der Stadt nicht mehr aus.

Obrist. Ich muß es versuchen.

Lonau. In die Unterhaltung junger Officiere wirst du dich nicht schicken.

Obrist. Es sind noch alte da.

Lonau. Denen du fremd geworden bist.

Obrist. Mein Regiment —

Lonau. Ist ganz umgeändert.

Obrist. Hat mich noch recht lieb.

Lonau. Ey ja, so bey einem Besuch —

Obrist. Erscheine ich auf der Parade, so ist es ein Fest.

Lonau. Wenn du alle Tage dahin kommen wirst — Langeweile.

Obrist. Der Dienst giebt keine Langeweile.

Lonau. Der jetzige Dienst ist neu.

Obrist. Ich liebe das Neue.

Neunter Auftritt.

Vorige. Madam Lonau.

Madam Lonau in einem Zeuge, der etwas aus der Mode, übrigens wie ein modern Griechisches Kleid geschnitten ist. Aber wie —

Lonau auf seine Frau deutend. Hier ist das Alte neu geworden.

Obrist sieht sich um. Was tausend Teufel!

Madam Lonau. Ja ja. Verlassen Sie Sich darauf.

Obrist lacht. Das ist ja eine verruchte Maskerade — möchte ich wohl sagen.

Madam Lonau. Bey mir sind die Gesinnungen so verändert wie die Kleidung. Ich lasse mir nichts mehr gefallen.

Lonau. Wenn ich nun auch so rasch spräche, wie du, was könnte daraus für ein böser Handel werden!

Obrist. Aber sagen Sie, warum in aller Welt haben Sie Ihr ehrwürdiges Haar so gestutzt —

Madam Lonau. Meine Denkungsart ist jetzt zwanglos wie mein Haar —

Lonau. Beide sind etwas verstümmelt.

Obrist. Kurz von der Sache — was wollen Sie jetzt hier?

Madam Lonau. Herr Obrist, wir beide haben jetzt nur Eine Sache. Meinen Albert —

Obrist. Ich treibe meine Sache allein.

Madam Lonau. O nein! Albert regiert uns beide.

Obrist. Ich lasse mich von Niemanden regieren.

Madam Lonau. Die Vernunft regiert alles, und Albert ist die reine Vernunft.

Lonau. Darf das Herz gar nicht mitsprechen?

Madam Lonau. Das Herz ist eine Krankheit.

Lonau. So will ich nicht gesund werden.

Madam Lonau. Wirst du nicht für Albert bezahlen, so hemmst du seinen Aufflug, und ein großer Weltbaumeister steht gelähmt neben dem Werke. Wer daran Schuld ist, versündigt sich an der Vervollkommung; wer das thut, verdient Verachtung. Ein Gegenstand der Verachtung kann weder glücklich seyn noch beglücken. Wer weder glücklich seyn, noch glücklich machen kann, ist ein Unding. Das bessere Ich flieht das Nicht-Ich an dir, weil es davon entkräftet wird.

Lonau lächelt. Du hast die Lection schlecht behalten; das mag öfter bey deinen Kolleginnen der Fall seyn und daher —

Madam Lonau. Auf gut deutsch sage ich dir — du bezahlst, was Albert braucht — oder ich bin genöthigt, die Hälfte meines Eingebrachten zu fordern und dich zu verlassen.

{ Obrist. Was ist das?
{ Lonau. Das ist wenigstens verständlich.

Madam Lonau. Und jetzt verlange ich eine positive Antwort.

Obrist zu Herrn Lonau. Antworte nicht! Was? Sie dürfen Ihren Mann nicht verlassen! Wissen Sie das?

Madam Lonau. Ich weiß, wie es in der Welt zugeht, und will mir Gerechtigkeit geben.

Obrist. Donnerwetter! Herr Bruder, glaube nicht, daß ich mit ihr im Komplott wäre!

Madam Lonau. Ja, das sind Sie doch gegen Ihr Wissen.

Obrist. Ich stehe allein gegen dich und im offnen Felde. Den Pandurenanfall, den Sie zu meiner Hülfe in sein Gepäck machen, weiß ich Ihnen gar nicht Dank.

Madam Lonau. Mein Herr Obrist!

Obrist. Ihr habt mit einander eine Herzenskapitulation errichtet, und wenn sie ihrer Seits die bricht und desertirt, so laß das Handgeld verloren seyn, wirf ihr die Mondirungsstücke nach, und läßt du sie jemals den Berg heran und hier oben wieder in Reihe und Glied treten, so bist du der miserabelste Ehechef, und man sollte auf der höchsten Bergspitze deinen Hausvaterstuhl zerschlagen und verbrennen, zum Wahrzeichen der Kassation. Geht ab.

Zehnter Auftritt.

Herr Lonau. Madam Lonau.

Lonau. Sey nicht böse auf unsern alten Freund!

Madam Lonau. Ganz und gar nicht. Sehr heftig.

Lonau. So? Er meint es wenigstens gut.

Madam Lonau. Er ist — er ist grob, das ist etwas. Aber du bist nichts.

Lonau. Rase nur ganz aus, Jettchen! Hernach pflegt deine gute Seite bald zum Vorschein zu kommen.

Madam Lonau. Gottlob! ich bin noch zu rechter Zeit erwacht.

Lonau. Deine jetzige Denkungsart wirst du ablegen —

Madam Lonau. Niemals!

Lonau. Ach ja. Sind die Fremden fort, so ist niemand da, der dir antworten kann. —

Madam Lonau. Drum will ich fort. Ich will von hier fort.

Lonau. Du gehst wahrlich nicht.

Madam Lonau. So gut wie der Obriste.

Lonau. Ja, von dem fürchte ich es *seufzt* leider recht sehr!

Madam Lonau. Von mir hoffst du es?

Lonau. Wahrhaftig nicht. Ich würde dich auch vermissen.

Madam Lonau. Auch? Sehr manierlich!

Lonau. Ey wenn du wolltest, so könnte ich dich sehr vermissen. Dein Herz ist gut, aber dein Verstand ist nicht der erste im Lande.

Madam Lonau. Was? Mein Verstand ist mehr werth als der deinige.

Lonau. Nein, liebe Jette! denn ich sehe —

Madam Lonau. Mein Verstand —

Lonau. Daß sie dich betrügen.

Madam Lonau. Mein Verstand hat dich von jeher regiert.

Lonau. Sie lachen über dich.

Madam Lonau. Ueber dich, über dich! Ich habe dich stets regiert —

Lonau. Warum nicht? Das hat mich amüsirt.

Madam Lonau. Was? amüsirt? Du fürchtest dich vor mir.

Lonau. Wenn du sehr laut sprichst — o ja! Das klingt nicht gut und —

Madam Lonau. Jetzt denke ich laut — und ich führe aus, was ich denke.

Lonau. Gewiß nicht! — Da die reine Vernunft mit diesem Anzuge über dich gekommen ist —

Madam Lonau. Das ist sie.

Lonau. So wirst du ja nicht zanken und schelten. Ein Weib, das laut zankt, ist ein unangenehmer Anblick — und dem gehe ich aus dem Wege.

Madam Lonau laut. Die Vernunft fordert, daß ich mein Recht behaupte —

Lonau. Dein Recht — ist das letzte Wort. Das lasse ich dir, laß mir nur die Handlungen.

Madam Lonau. Nein, nein! Wir sind geschieden!

Lonau. Bewahre! Du gehst nicht. Die Haushaltung braucht deine Erfahrung —

Madam Lonau. Siehst du das ein?

Lonau. Du bist wirthschaftlich —

Madam Lonau. Das bist du nicht.

Lonau. Du hast brav zusammen gespart und erworben —

Madam Lonau. Bin ich fort, so geht alles darauf —

Lonau. Das Gesinde würde thun, was es wollte —

Madam Lonau. Küche und Keller stünde offen für Jedermann.

Lonau. Der Geldbeutel dazu.

Madam Lonau. Das Verderben wäre vor der Thür.

Lonau. Und meine Ruhe wäre dahin.

Madam Lonau. Drum besinne dich, weil es noch Zeit ist.

Lonau. Bleibe da, weil du hier nöthig bist.

Madam Lonau. Zur Haushälterin bin ich zu gut.

Lonau. Ich halte dich für meine gute wirthliche Freundin.

Madam Lonau. Ohne Vernunft!

Lonau. Mit so viel, als ich bedarf.

Madam Lonau. Für eine Zänkerin!

Lonau. Ohne bösen Willen.

Madam Lonau. Von widerwärtigem Anblick!

Lonau. Wenn du nicht zankst, sehe ich dich sehr gern an.

Madam Lonau. Ein großes Glück, wahrhaftig!

Lonau. Deine Lebhaftigkeit ist vortrefflich.

Madam Lonau. Viel Ehre!

Lonau. Daß du mir hierher in die Abgeschiedenheit gefolgt bist —

Madam Lonau. Keine andere Frau würde das gethan haben.

Lonau. Das ist wahr.

Madam Lonau. Dafür habe ich Erkenntlichkeit zu fordern.

Lonau. Die empfinde ich —

Madam Lonau. Womit beweisest du sie? Womit?

Lonau. Durch Geduld.

Madam Lonau. Geduld, Geduld? Bin ich —

Eilfter Auftritt.

Vorige. Kommerzienräthin.

Kommerzienräthin. Herr Bruder, es ist Zeit, Ihnen zu sagen, daß Sie uns ermüden. Ihre Schwäche, Unentschlossenheit, Eigensinn, Halsstarrigkeit —

Madam Lonau. Uebersteigen alle Begriffe. Aber meine Meinung ist gesagt —

Kommerzienräthin. Und wenn Sie Sich nicht gleich entscheiden, gleich im Augenblick —

Lonau. Zurück, fort, weg, hinaus! Keinen Schritt über meine Thür, kein Wort zu mir, Ihr Angesicht nie mehr vor das meine. Ihre Unbescheidenheit, Falschheit, Geitz, Einmischung und Verschrobenheit erinnert mich mit jeder Minute an die Welt, die ich auf ewig verlassen habe. Sind Sie nicht heute Abend auf dem Rückwege, so lasse ich Sie mit Gewalt fortbringen, daß Sie wieder da glänzen, wo man verkehrt genug ist, Rechenpfennige für gute Münze zu nehmen. Das ist meine Meinung, und die werden Sie nicht weiter hören wollen, da mein Blut durch Ihre Zweydeutigkeit in einen Aufruhr gejagt ist, den ich seit funfzehn Jahren nicht mehr kenne. Ihren Arm, Dame! Er führt sie an die Thür. Danken Sie der Dame, daß ich Ihr Portrait nicht lebendiger mahle. Er neigt den Kopf etwas. Gott befohlen! Kehrt zurück.

Madam Lonau. Bösewicht! Wie?

Lonau. Still! — Kein Wort — keine Silbe, keinen Laut — nicht einen Athemzug!

Madam Lonau. Du denkst —

Lonau. Ganz still! Er geht einige Schritte. Wo blieben wir vorhin? Ich bin ein wenig aus der Fassung gekommen — ja bey der Geduld! Du bist meine Freundin, die Mutter meiner Kinder. Mit dir will ich gern Geduld behalten — mache mir es aber nicht zu schwer. Willst du deine verfehlte

Griechheit in herzliche Denkungsart verwandeln und die Griechische Kontusche in den Schrank schließen — so zähle auf alle Geduld und Liebe, die ein schlichter ehrlicher Mann dir Jahre lang treulich bewiesen hat. Geht ab.

Madam Lonau. Was? — Wie ist mir geschehen? Warum habe ich ihn angehört? Warum habe ich ihn zu Worte kommen lassen? Gleich wieder gut gemacht! Ich suche ihn, ich finde ihn, ich falle ihn an, ich bewege Nachbarn, Himmel und Erde, und donnere so in ihn hinein, daß er vor Schrecken und Angst weder Worte noch Athem finden soll. Bin ich vor ihm erschrocken, so muß er jetzt von mir vernichtet werden. Geht.

Zwölfter Auftritt.

Vorige. Ernst.

Ernst tief erschüttert. Ach Madam! —

Madam Lonau. Kein Wort —

Ernst hält sie auf. Hören Sie mich.

Madam Lonau. Keine Silbe, kein Laut, kein Athemzug! Still — ganz still!

Ernst. Sie müssen mich hören — mein Unglück ist zu groß!

Madam Lonau. Gut! Schön! Unglück hat Er an mir verdient, Er falscher Rath! Aber es kommt noch besser, ich behalte doch die Herrschaft über Ihn, Sohn, Mann, Freund, alles, was hier lebt und mich ärgert. Ihr sollt alle gewahr werden, was ich vermag. Ihr sollt vor mir zittern, oder ich will das Leben nicht haben. Geht ab.

Ernst. An wen soll ich mich wenden — wer giebt mir Trost — Beruhigung — oder Rache? O Bösewicht! Bösewicht!

Dreyzehnter Auftritt.

Voriger. Unterofficier Linde.

Unterofficier. Wer das?

Ernst. Es giebt — ach Sie können mir nicht helfen!

Unterofficier. Es ist mir leid. Ich helfe gern.

Ernst umarmt ihn. Aber rathen Sie mir — ich bin in einer Wuth — ich weiß mir nicht zu rathen.

Unterofficier. Was ist denn geschehen? Fasse Er sich doch!

Ernst weint. Ich kann nicht. — Der unglückliche Brief, den Sie mir gebracht haben —

Vierzehnter Auftritt.

Vorige. Sophie.

Sophie (noch innerhalb). Lassen Sie mich, Unverschämter! (Mit lebhaftem Unwillen.) Linde — Ernst — ah gut, daß ich Jemand finde — Die Unverschämtheit geht über jeden Glauben.

Unterofficier. Was ist geschehen?

Sophie. Wo ist mein Vater?

Unterofficier. Soll ich ihn suchen?

Sophie. Nein, nein! das nicht!

Funfzehnter Auftritt.

Vorige. Oberfalkenmeister.

Oberfalkenmeister. Beste Sophie! Süßes Kind!

Sophie. Aus meinen Augen!

Oberfalkenmeister. Es ist ein bloßer Mißverstand —

Sophie. Ihre Nichtswürdigkeit sprach deutlich genug!

Oberfalkenmeister. Es war ja das süßeste Band, was ich Ihnen antrug! Dabey hat die zärtlichste Liebe mich in eine Ecstase gesetzt — die — die — Herr Gott! wir sind nicht allein, sehe ich —

Sophie. Lassen Sie uns allein!

Oberfalkenmeister. Ihr lieben Freunde — das Kind ist ganz irrig an mir — zu Unterofficier Linde und Ernst Laßt uns nur allein, der Mißverstand ist so klar —

Sophie. Nein, bleibt da!

Oberfalkenmeister. Herr Gott! Ich sage Ihnen ja, die Ecstase hat meine Worte falsch situirt, daher glaubten Sie —

Sechszehnter Auftritt.

Vorige. Obrist.

Unterofficier. Euer Gnaden, Herr Obrist, das gnädige Fräulein verlangen sehr dringend nach Ihnen.

{ Obrist. Was giebts?
{ Oberfalkenmeister. Er tödtet mich!

Sophie mit Zwang. Nichts von besonderer Bedeutung.

Obrist. Du glühst ja vor Zorn?

Oberfalkenmeister. Sie ist aufgebracht gegen mich. Ein Mißverstand! ha ha! weiter nichts.

Obrist. Sie lachen schlecht, Herr Baron.

Unterofficier. Das Fräulein sprach von Einem Nichtswürdigen —

Obrist. Wer ist das?

Sophie. Lieber Vater, bestehen Sie nicht auf —

Obrist. Auf Wahrheit! die Thür zu! — beachtet! — Niemand herein! Niemand heraus!

Oberfalkenmeister. Au nom de Dieu, ecoutés moi —

Obrist. Erst diese.

Oberfalkenmeister. Mon cher Colonel, Sie sind ein Ehrenmann, ein tapferer Mann, ein Held — aber auch ein Christ — ich sehe stets in Ihnen den zweyten Türenne. Hören Sie meine Unschuld!

Obrist. Sophie!

Sophie. Er sagte mir von Betheurungen der Liebe, so verkehrt, so thöricht —

Oberfalkenmeister. Nun, ist denn die Liebe wohl vernünftig?

Obrist. In Ihren Jahren sollte sie es seyn. Weiter —

Oberfalkenmeister in Todesangst. Eine so zärtliche Liebe egarirt sich — wann — man — Herr Gott, ich weiß nicht, was ich rede, Bester! — kaum hörbar. Das Kind, das liebe — das Fräulein mißverstand —

Obrist. Ein Ende! Ich wills —

Sophie wirft sich ihrem Vater in die Arme und redet leise zu ihm.

Obrist macht sich los und tritt auf den Oberfalkenmeister zu.

Sophie. Vater! Sie fällt ihm in die Arme.

Oberfalkenmeister wirft sich in einen Stuhl. Ich bin schon todt!

Obrist. Stehn Sie auf — Herr Fähndrich!

Oberfalkenmeister. Hier sind ihrer dreye gegen einen! Was wollen Sie —

Obrist. Nichts zu fürchten.

Oberfalkenmeister. Gott sey gelobt! O Sie —

Obrist. Pst! — zu Unterofficier Linde und Ernst. Der gnädige Herr liebt meine Tochter und hat ihr ein Band der - Freundschaft — proponirt. Das ist alles. Küßt Sophien auf die Stirn Geh hinein, Sophie!

Sophie. Vergebung für ihn!

Obrist. Was sollte ich mit ihm wohl anfangen? Geh!

Sophie geht ab.

Oberfalkenmeister. Bester Herr Baron — Herr Obrist — ich spüre, daß Sie was gräßliches vorhaben. Hören Sie mich an, ich — ich trage an — einen Verlust am Kapital — ich lasse fallen — ich — was Sie wollen —

Obrist wüthend. Thür auf!

Unterofficier öffnet.

Oberfalkenmeister. Nur nichts despektirliches, halt — ich trage — o Gott, ich trage eine Mariage an! Ja das thue ich.

Obrist. Sie werden bezahlt und verachtet. Ernst, bitte deinen Herrn, dem Baron heute Dach und Fach zu geben.

Oberfalkenmeister. Zu dem tollen Präsidenten? Nein, nein! da gehe ich nicht hin.

Obrist. Hier sollen Sie nicht bleiben —

Oberfalkenmeister. Der Lonau ist närrisch — da gehe ich nicht hin —

Obrist. Dahin müssen Sie! denn unser Geschäft muß heute zu Ende. Allons! machen Sie, daß Sie wegkommen.

Oberfalkenmeister. Ich gehe spazieren —

Obrist. Nur fort!

Oberfalkenmeister. Aber meine Effekten?

Obrist. Hinüber zu Lonau!

Oberfalkenmeister. Nein, nein!

Obrist. Nun — dann zum Fenster hinaus und den Herrn mit, ins Teufels Namen! *Geht zu Seyrten,*

Oberfalkenmeister *trocknet die Stirn.*

Unterofficier. Ist's gefällig?

Oberfalkenmeister *zu Ernst.* Gott! In was für Kalamitäten kann uns die Liebe bringen!

Ernst *aus Gedanken.* In welches Elend kann ein meineidiger Schurke einen armen Vater stürzen!

Oberfalkenmeister *prallt zurück.* Je du mein Gott! Was will nun der noch —

Unterofficier. Der Mann hat seinen eignen Kummer — Kommen Sie nur — der geht Sie wohl nichts an. Gehn wir —

Ernst *geht ab, er bedeckt das Gesicht.*

Oberfalkenmeister. Nur etwas Geduld! — ich bin sehr echauffirt — eine Verkältung kann in jetziger Zeit so leicht tödtlich werden. *Er bindet ein Tuch um den Hals.*

Unterofficier. Ich dächte, Sie müßten längst verkältet seyn.

Oberfalkenmeister. Ja ja! Ich erhole mich dann wieder. Jetzt gehen wir — — Ach — Ihnen werde ich ein Präsent machen, ehe ich gehe.

Unterofficier. Gehn Sie nur jetzt.

Oberfalkenmeister. Auf meine Ehre! *Geht.* Sagen Sie mir doch — *Er bleibt stehen, seufzt.*

wie viel Heu macht jährlich der Obrist auf der Wiese am Pfaffensteg? he!

Unterofficier richtet sich. Euer Gnaden, ich bin hier nicht zum Schacher, sondern zu Ihrer Exekution kommandirt, und warte, daß Sie jetzt gutwillig antreten.

Oberfalkenmeister. Herr Gott ja! — Es schaudert ihm. Ich will hinaus! Geht.

Unterofficier folgt. An meine Seite, wackrer Freund!

Oberfalkenmeister im Gehen. So habe ich nicht gezittert, seit wir gegen die Rebellen marschirt sind.

Vierter Aufzug.

Gebüsch, nahe an Lonau's Wohnung.

Erster Auftritt.

Oberfalkenmeister tritt auf.

Keine Seele bekümmert sich um mich! — Wer hätte es denken sollen, daß ich hier noch in so lebensgefährliche Umstände gerathen würde? Zu dem tollen Obristen darf ich nicht, zu dem verrückten Lonau will ich nicht; so bin ich auf der höchsten Bergspitze im Lande zwischen Himmel und Erde ganz allein auf dieß Fleckchen wie auf einen Teller hingesetzt. Meine Effekten sind zu dem verrückten Lonau hingeschafft — ich habe nicht einmal einen Hut. — Die Sonne brennt mir auf den Scheitel, daß ich Feuer schreyen möchte; dabey habe ich von der Alteration eine Mattigkeit in allen Gliedmaßen. Er setzt sich. Es muß auch schon spät seyn! Sieht nach der Uhr Ein Uhr. — Mich hungert. Wenn man noch so viel

Kummer hat, will man doch essen. Was rasselt dort im Gebüsch? Ah — da kommt ja der Schurke, der Louis! Steht auf.

Zweyter Auftritt.

Voriger. Louis.

Oberfalkenmeister. Nichtswürdiges Subjekt —

Louis betrunken, was um so sichtbarer wird, je mehr Mühe er sich giebt, Ernst und Respekt zu beweisen. Ja ja, bey meiner Seele, so sagen sie droben alle.

Oberfalkenmeister. Wo seyd Ihr gewesen?

Louis. Ha ha ha! bey der Flasche. Ich habe heute für alle Jahre getrunken, die Sie mich haben hungern und dursten lassen.

Oberfalkenmeister. Ihr sollt bestraft werden.

Louis. Ha ha ha! Sie strafen mich ja alle Tage —

Oberfalkenmeister. Trunkenbold!

Louis. Gnädiger Herr! Ich sage es Ihnen: trinken Sie! Wenn Sie Ihrem armen Leibe —

sans comparaison — mehr zu gute thäten, es ginge Ihnen nicht so desperat.

Oberfalkenmeister. Das ist ein neues Unglück! Der Kerl hat sich im Weine übernommen.

Louis. Nein, der Wein hat mich übernommen. Ha ha ha! Es weiß kein Teufel, wo Sie geblieben sind.

Oberfalkenmeister für sich. Wo gehe ich hin? Bey Gott! ich weiß mir nicht zu helfen.

Louis treuherzig. Gehen Sie weg.

Oberfalkenmeister. Wohin?

Louis. Nach Hause. Sie lachen Sie hier aus — mein Seele!

Oberfalkenmeister. Kerl!

Louis. Die Kommerzienräthin hat gelacht, und der gelehrte Musje sagt, der Baron wird sich im Walde gehängt haben.

Oberfalkenmeister. Das sind ja verruchte Reden!

Louis. Nicht wahr? Aber ich habe es ihm gegeben. Im Zorn. Was, sagte ich, faßt ihm auf die Schulter. Sie sind schlecht —

Oberfalkenmeister. Geht zum Teufel!

Louis. Ja, zum Teufel, so habe ich gesagt. Mit Verlaub, habe ich gesagt — hängen thut er sich nicht und schimpfiren lasse ich ihn nicht. Er taumelt herum. Denn wenn schon nicht viel an ihm ist, so —

Oberfalkenmeister. Kerl, ich lasse euch todtprügeln —

Louis. So ist er doch mein gnädiger Herr, und was ein Herr ist - ist ein Herr — weiß Gott! Und wenn ich schon in seinem Dienst verhungert bin — macht nichts — wenn ich satt bin, sage ich — gehangen muß er nicht werden, und da komm ich her und sehe, daß Sie da herum gehen und sich nicht gehängt haben.

Oberfalkenmeister. Schurke! schafft mir meinen Hut —

Louis. Wäre es aber gewesen — so hätte ich — daß es eine Schickung wäre — hätte ich gesagt.

Oberfalkenmeister. Da drüben in Lonau's Hause sind meine Sachen, die will ich haben.

Louis. Ja! Soll ich sie hier auf die Straße setzen?

Oberfalkenmeister. Es wird doch ein Wirthshaus wo seyn?

Louis lacht. Wirthshaus? Vivat Wirthshaus! Ich sage Ihnen, haben Sie Chagrin, trinken Sie nur — so ist alles gut.

Oberfalkenmeister. Geht, sage ich —

Louis. Ja! geht. Der Unterofficier kommt wieder hat mir gesagt — es wäre ein Wunder von Gott, daß Sie —

Oberfalkenmeister. Ich will nichts wissen —

Louis. Daß Sie der Obrist nicht zu todte geschlagen hätte.

Oberfalkenmeister. Wäre ich nur im Wagen!

Louis. Setzen Sie sich hinein — danken Sie Gott, daß Sie nicht todt geschlagen sind. Aber ich sage immer - kein Mensch weiß sein Ende vorher was heute nicht geschah, kann morgen geschehen, — drum setzen Sie mich ins Testament.

Oberfalkenmeister. Ins Zuchthaus —

Louis faßt ihn bey der Hand. Liebe, gnädige Seele — geben Sie mir im Testament so viel, als das macht — was Sie mir zeither am Essen zu wenig gegeben haben. — Thun Sie das — so will ich bey Ihrer Beerdigung weinen, heulen, wie ein Schloßhund. Weiß Gott! —

Oberfalkenmeister. Morgen aus meinem Dienst! Morgen fort — ohne Gnade!

Louis. Fort soll ich?

Oberfalkenmeister. Die Livree abgeliefert —

Louis. Wenn Sie keinen finden, der eben so ausgehungert ist, hilft sie Ihnen nichts —

Oberfalkenmeister. Bösewicht!

Louis. Mich haben Sie abgeschaft. Nun werden Sie sehen, was geschieht! Nun, nun —

Oberfalkenmeister. Was?

Louis. Wenn Sie begraben werden, und ich bin nicht mehr da – so geht Ihnen keiner mit der Laterne voraus. Mein Seel nicht — die andern machen Sie in der Schachtel gleich zu, damit Sie nicht wiederkommen, ha ha ha! und gehen ins Wirthshaus. Ich hätte doch noch von Ihren Streichen erzählt, da wären Sie lustig unter die Erde gekommen. Aber nun — nichts. Adieu! Er taumelt fort

Oberfalkenmeister. Der Kerl muß mir nicht mehr vors Gesicht kommen. Er spricht mir so viel von meinem Tode und meiner Beerdigung, daß mich bey der excessiven Hitze — ein Frost überfällt –– das muß ihm jemand befohlen haben. Ich glaube, die Räthin ist von meinen Agnaten bestochen. — Welch ein Leben – welche Angst! — Ja wenn die Theurung nicht so enorm wäre – ich könnte aus Rache, aus Verzweiflung – ich könnte in eine Mariage noch verfallen. Bey Gott!

Dritter Auftritt.

Kommerzienräthin. Oberfalkenmeister.

Kommerzienräthin. Finde ich Sie endlich, lieber alter Freund!

Oberfalkenmeister. Gehen Sie, Madam, wir kennen uns!

Kommerzienräthin. Das ist das Band, was uns vereint.

Oberfalkenmeister. Ich bin außer mir!

Kommerzienräthin. Bleiben Sie nur nicht lange außer Hause, denn es ist sehr heiß und —

Oberfalkenmeister. In der Noth lernt man seine Freunde kennen.

Kommerzienräthin. Schon bis zu Sprüchwörtern gesunken! Sie wollen sich vielleicht bekehren?

Oberfalkenmeister. Bey Gott! das möchte ich —

Kommerzienräthin. Das kostet keinen Pfennig.

Oberfalkenmeister. Spotten Sie nur. Ich bin wahrlich besser, als Sie.

Kommerzienräthin. Furchtsamer wenigstens.

Oberfalkenmeister. Wo Furcht ist, ist ein gutes Herz.

Kommerzienräthin. Wo Liebe ist, ist Muth. lacht.

Oberfalkenmeister. Sie lieben nichts, Madam!

Kommerzienräthin. Weil ich Sie nicht liebe?

Oberfalkenmeister beeifert. Was? Meine Freundin wollen Sie vorstellen, und —

Kommerzienräthin kalt Vorstellen! Ja.

Oberfalkenmeister. Und haben mich oben noch ausgelacht, das weiß ich. Sie haben mich ausgelacht.

Kommerzienräthin. Ja, das ist wahr.

Oberfalkenmeister. Das ist abscheulich!

Kommerzienräthin. Als der Unterofficier Sie aus dem Hause geleitete — kamen Sie mir vor, wie Adam, als ihn der Engel mit dem gezückten Schwert austrieb —

Oberfalkenmeister. Nur keine Blasphemien mit der Schrift!

Kommerzienräthin. Ganz recht; denn Adam war sicher interessanter als Sie; dagegen sind Sie interessanter, als einer seiner Nachkommen.

Oberfalkenmeister. Ich gehe —

Kommerzienräthin. Wohin?

Oberfalkenmeister. Das weiß ich eben nicht.

Kommerzienräthin. Jetzt biete ich Ihnen guten Rath an, damit Sie in der Stadt nicht ausgelacht werden.

Oberfalkenmeister. Das möchte ich allerdings gern evitiren.

Kommerzienräthin. So reisen Sie gleich ab.

Oberfalkenmeister. Das werde ich nicht thun. Ich bin noch nicht bezahlt.

Kommerzienräthin. Ich will Ihr Geschäft hier besorgen.

Oberfalkenmeister. An dem Obristen wäre noch was namhaftes zu gewinnen gewesen.

Kommerzienräthin. Wenn Sie nicht an die Tochter verloren hätten.

Oberfalkenmeister. Ich gebe noch nicht alle Hoffnung auf.

Kommerzienräthin. Welche? auf Liebe oder auf Gewinn?

Oberfalkenmeister. Darüber erkläre ich mich nicht.

Kommerzienräthin. Von der Tochter dürfen Sie gar nicht mehr reden.

Oberfalkenmeister. Sie wissen nicht, was ich im Stande bin — reitzen Sie mich nicht!

Kommerzienräthin. Wie? Sie wollen mir untreu werden! lacht. Verräther!

Oberfalkenmeister. Einen Agenten, wie ich bin, bekommen Sie nie wieder.

Kommerzienräthin. Meine Ideen, meine Plane haben die Hälfte Ihres Reichthums geschaffen.

Oberfalkenmeister. Zu Ihrer Härte habe ich den Namen leihen müssen!

Kommerzienräthin. Mein Verstand hat Sie gerettet, wenn Sie bey Ihren Lieferungen schon geliefert waren.

Oberfalkenmeister. Aber —

Kommerzienräthin. Lasse ich Sie fallen, so dienen Sie der Stadt zum Gelächter —

Oberfalkenmeister. Erzähle ich Ihre Wucherpartien, so werden Ihre gelehrten Partien zum Gelächter.

Kommerzienräthin. Alle Journale werden Sie zerreißen —

Oberfalkenmeister. Man wird bey Ihnen kein Geld mehr suchen.

Kommerzienräthin. Drum fordert unser Vortheil, daß wir Frieden machen.

Oberfalkenmeister. Wie denn?

Kommerzienräthin. Reisen Sie ab, liebster Freund!

Oberfalkenmeister. Ich habe noch nicht gegessen —

Kommerzienräthin. Ich schicke Ihnen daher.

Oberfalkenmeister. Hier im Walde kann ich doch nicht essen.

Kommerzienräthin. Warum nicht?

Oberfalkenmeister. Auf der Erde, wie — wie Nebukadnezar!

Kommerzienräthin. Was wollen Sie denn noch?

Oberfalkenmeister. Dem Obristen das Wesen abhandeln. Ich muß und muß es haben—

Kommerzienräthin. Wollen Sie hier oben Buße thun?

Oberfalkenmeister. Glauben Sie, daß ich wegen der Procente von den 3000 Thalern die Reisekosten verwendet hätte? Ich habe eine große Spekulation mit dem Berge.

Kommerzienräthin. So was habe ich vermuthet —

Oberfalkenmeister. Ich bekomme es wohlfeil und werde es sehr theuer wieder anbringen.

Kommerzienräthin. An wen?

Oberfalkenmeister. Serenissimus stehen seit drey Wochen mit der Gemahlin schlecht. Wir arbeiten alle daran, daß die komplette Zwistigkeit permanent bleibe.

Kommerzienräthin. Gut! Durch Zwist wird der Hof brillant.

Oberfalkenmeister. Freylich. Bey einer bürgerlichen Fürstenehe ist gar keine Intrigue, kein Hofschachspiel, kein ächtes Hofleben. Die Gräfin Alling wünscht, daß der Herzog eine Solitude fände. Der Kammerdirektor will gern bauen — Hier ist nun ein Terrain, wo man Hunderttausende nur allein in dem Boden verwühlen kann, während Millionen über der Erde verbaut werden. Verschaffe ich dem Kammerdirektor die Salinenpacht, so getraue ich mir die Anlage hier zu bekommen.

Kommerzienräthin. Der Plan ist brav.

Oberfalkenmeister. Der Gewinn ungeheuer! Ich liefere das Ameublement.

Kommerzienräthin. Ich die Gemählde, die Antiken.

Oberfalkenmeister. Es giebt doppelte Hofhaltungen —

Kommerzienräthin. Doppelte Liebhaberey in jedem Sinn.

Oberfalkenmeister. Man braucht Friedensstifter —

Kommerzienräthin. Und Aufwiegler.

Oberfalkenmeister. Festivitäten —

Kommerzienräthin. Baron, wir bleiben Freunde!

Oberfalkenmeister. Wenn Sie mir die Plane zu den romanesken Anlagen geben wollen, leite ich das ein.

Kommerzienräthin. Mein Wort!

Oberfalkenmeister. Wir sind versöhnt. Machen Sie nur mein Akkommodement mit dem tollen Obristen.

Kommerzienräthin. Aber nichts mehr von Liebe zu seiner Tochter!

Oberfalkenmeister. Non!

Kommerzienräthin. Sie bleiben mein.

Oberfalkenmeister. Oui!

Kommerzienräthin. Heute nach geschlossenem Kauf reisen Sie fort.

Oberfalkenmeister. Fort!

Kommerzienräthin. Sonst lasse ich Ihr Leben schreiben —

Oberfalkenmeister. Bewahre Gott!

Kommerzienräthin. Drucken und mit Kupfern herausgeben. Jetzt will ich Ihre Sache in Ordnung bringen.

Oberfalkenmeister. Schön, schön! Küßt ihr die Hand. Sans rancune?

Kommerzienräthin. Wenn Sie artig sind, werde ich Ihnen stets attachirt bleiben. Geht ab.

Oberfalkenmeister. Charmant, charmant! Er sieht ihr nach, faltet die Hände. Ich werde aber doch trachten, Sie zu hintergehen. — Und bringt sie mich auf das Aeußerste — so wende ich etwas daran, und lasse sie nebst ihrer gelehrten Societe mit etwas verzogenen Mienen in Kupfer stechen. Das kann sogar einträglich werden. — Wenn nur die Hitze hier nicht so vehement wäre — ich will mich da unter dem alten Baum niederlassen. Er will gehen. Ey du gerechter — da ist der Narr!

Vierter Auftritt.

Voriger. Herr Lonau.

Lonau. Herr Baron, Sie sind an mich gewiesen, wie ich höre —

Oberfalkenmeister ängstlich. Nein, nein! Ihr Diener — gehen Sie nur weiter.

Lonau. Wahr ist es, ich wünsche hier keine Besuche — aber —

Oberfalkenmeister. Ja ja. Sie haben vollkommen recht. Adieu!

Lonau. Auch läugne ich nicht, der heutige Besuch macht mir überdieß so viel Sorge und Verdruß —

Oberfalkenmeister. Ich will Sie ja nicht besuchen.

Lonau. Daß ich nur zu sehr fühle, wie wohl ich gethan habe, mich von der Welt abzusondern.

Oberfalkenmeister. Sondern Sie sich nur ab.

Lonau. Aber da es einmal nicht zu ändern ist, so will ich gegen Niemand eine Unart begehen.

Oberfalkenmeister. Bitte ergebenst —

Lonau. Es ist sogar nöthig, daß ich Ihnen näher trete —

Oberfalkenmeister. Ach das thun Sie ja nicht!

Lonau. Ich bekenne Ihnen —

Oberfalkenmeister. Ich bin gar nicht neugierig —

Lonau. Daß ich heute in einer gewissen Unruhe bin —

Oberfalkenmeister. Nun gehts loß!

Lonau. In einer Verwirrung —

Oberfalkenmeister. Das sehe ich, leider Gottes —

Lonau faßt seine Hand. Reißen Sie mich aus einer Besorgniß, die mich martert!

Oberfalkenmeister. Lassen Sie mich loß —

Lonau. Nein, mein Herr, Sie müssen sich mir entdecken —

Oberfalkenmeister. Louis — Louis! — O Herr Gott —

Lonau. Sie sind so ängstlich —

Oberfalkenmeister. Ach Gott — Lassen Sie mich —

Lonau. Sie haben Mißtrauen in meine Absichten. Fürchten Sie —

Oberfalkenmeister. Nein nein! Ach nein! Ich bin in Gottes Hand. Er faßt in die Taschen.

Lonau. Aber Sie sind in der Hitze unbedeckt — nehmen Sie meinen Hut —

Oberfalkenmeister. Wird nicht geschehen.

Lonau. Ohne Umstände. Ich bin der Sonne gewohnt — mir macht sie nichts mehr.

Oberfalkenmeister. Das glaube ich. Sie haben's überstanden.

Lonau. Ueberstanden? Was —

Oberfalkenmeister zieht ein Taschenmesser heraus. Dieß Messer ist sehr gut — zitternd. sehr gut.

Lonau. Dieß Messer — lacht. Aber mein Herr, ich begreife Sie nicht.

Oberfalkenmeister. Das ist ja eben Ihr Unglück.

Lonau. Unglück? Er sieht ihn an Wie?

Oberfalkenmeister. Jetzt kriegt er den Anfall!

Lonau. Was wollen Sie denn eigentlich?

Oberfalkenmeister hält das Messer gegen ihn. Bleiben Sie dort —

Lonau. Herr Baron — lacht. worüber sind Sie verwirrt?

Oberfalkenmeister. Ja ja — ich bin verwirrt — ja. Sehen Sie nur.

Lonau geht bey Seite und lächelt.

Oberfalkenmeister. Ich gebe ihm recht, so geht es vorüber.

Lonau. Armer Mann! Ha ha ha!

Oberfalkenmeister. Ja, ganz arm. Ha ha ha!

Lonau. Ha ha ha!

Oberfalkenmeister. Ha ha ha! — Ich muß nur mitlachen. Es wird wohl bald vorüber seyn.

Lonau. Sie halten mich also für — sagen Sie es nur!

Oberfalkenmeister. O — ich bitte —

Lonau. Sagen Sie es nur geradezu, für — verrückt.

Oberfalkenmeister. Die Impolitesse werde ich nimmermehr begehen, Ihnen das ins Gesicht zu sagen.

Lonau. In der That, ich bin es nicht. Beruhigen Sie sich gänzlich.

Oberfalkenmeister. Also wären Sie —

Lonau. Kein Wahnsinniger —

Oberfalkenmeister. Ganz bey rangiertem Verstande.

Lonau. Wie ich glaube. Aber die Neugierde werden Sie mir verzeihen — ich möchte wissen, wer von Ihrer Gesellschaft das Ihnen weiß gemacht hat?

Oberfalkenmeister. Niemand, Niemand. Die Umstände — — Ihre Separation von der Welt.

Lonau. Um nicht verrückt zu werden, verließ ich sie.

Oberfalkenmeister. Also hatten Sie doch schon so gewisse Anfälle —

Lonau. In der heillosen Masken-Gesellschaft der Welt bekam ich sie wohl —

Oberfalkenmeister. Auf der Redoute also? Ja ja, begreiflich!

Lonau. Wir verstehen uns nicht und verlieren Zeit. Nehmen Sie mich für einen Narren mit guten Augenblicken — im Grunde sind wir alle nicht mehr.

Oberfalkenmeister faltet die Hände. Ach ja, wir fehlen alle mannigfaltig!

Lonau. Begleiten Sie mich zu Tische. Auf dem Wege will ich von des ehrlichen Obristen Geldsache mit Ihnen reden. Der Mann muß aus der Verlegenheit kommen.

Oberfalkenmeister. Warum?

Lonau. Warum? Weil er der redlichste, bravste Mann, mein Freund von ganzer Seele ist! Weil —.

Oberfalkenmeister. Er ist sehr eigensinnig!

Lonau. Ja! Aber auch so treu —

Oberfalkenmeister Nebenbey auch etwas ungeschliffen!

Lonau. Lebhaft ist er, feurig —

Oberfalkenmeister. Aber was geht Ihnen seine Geldsache an, und seine Verlegenheit?

Lonau. Um der Leute willen, die solche Fragen thun können, bin ich aus der Welt gegangen! Sie und Ihres gleichen mögen mich einen Narren nennen — Ihrer Weisheit stelle ich es anheim, ob Sie sich um Ihr Geld bekümmern und zu Mittag essen wollen. Ich gehe voran. Geht ab.

Oberfalkenmeister. Ja nun — man kann ihn doch anhören. Es sind ja mehrere dort — und eine kräftige Suppe bedarf ich; denn ob ich gleich kein Narr bin, so fühle ich mich doch jetzt etwas schwächlich. folgt.

Fünfter Auftritt.

Obrist. Albert.

Obrist von der entgegengesetzten Seite. So weit! Nun mache deine Sachen gut. Ich muß jetzt einkehren — Adieu!

Albert. Gehn Sie doch mit hinüber zu Tische.

Obrist. Nein! Ich gebe deinem Vater nicht nach.

Albert. Grille!

Obrist. Grundsatz!

Albert. Grundsätze stören das Vergnügen.

Obrist. Die Pflicht ist das höchste Vergnügen.

Albert. Das ist eine Meinung.

Obrist. Eine sehr ehrliche —

Albert. Das Glück besteht in unsrer Meinung davon.

Obrist. Ich wiederhole es, deine Mutter darf nicht desertiren.

Albert. Das kommt auf die Mutter an.

Obrist. Du mußt sie bestimmen.

Albert. Man muß Niemand bestimmen.

Obrist. Das fordre ich aber von dir.

Albert. Ich sage es nicht zu.

Obrist. Was willst du denn jetzt drüben? he!

Albert. Essen.

Obrist. Und dann?

Albert. Wieder zu Ihnen kommen.

Obrist. Und dann?

Albert. Mich von den Umständen treiben lassen.

Obrist. Wozu, wohin?

Albert. Gleich viel!

Obrist. Gleichviel? Immer gleichviel! Das Gleichviel war niemals meine Partie.

Albert. Ihr großer Fehler. —

Obrist. Der dir wenigstens jetzt sehr zu Gute kommt.

Albert. Aber Ihnen zu Schaden.

Obrist. Durchaus nicht, wenn du brav bist.

Albert. Wo es zu fechten giebt, werde ich nicht weichen.

Obrist. Herrlich! Aber wo dein Vater leidet, mußt du helfen.

Albert. Er bildet sich nur ein, daß er litte, wenn meine Mutter geht.

Obrist. Er ist an sie gewöhnt —

Albert. Gewohnheiten sind Schwächen.

Obrist. Schwach ist dein Vater —

Albert. Schwächen müssen nicht unterstützt werden.

Obrist. Schwächen der Eltern —

Albert. Eltern sind —

Obrist. Was?

Albert. Im großen Weltverhältniß nicht mehr als andre Bekannte.

Obrist. Ein verfluchter Grundsatz!

Albert. Schimpfen ist nicht Beweisen.

Obrist. Ich bin auch nur dein Bekannter, aber aus Liebe zu deinem Vater habe ich väterlich gehandelt.

Albert. Ein schöner Fehler.

Obrist. Sey dafür dankbar.

Albert. Wo sich das mit meiner Ueberzeugung verträgt.

Obrist. Mensch, als ich für dich unterschrieben habe, rechnete ich nicht so.

Albert. Durchaus eben so!

Obrist. Was?

Albert. Sie haben nicht für mich gehandelt, sondern für sich.

Obrist. Für mich?

Albert. Es hat Ihnen wohlgethan, meinen Vater mit einem Ritterstreich der Freundschaft zu überraschen, es ist also Ihr Vergnügen, was Sie befriedigt haben. Mein Vortheil war bloß eine Folge Ihres Vergnügens.

Obrist. Aber ist denn das —

Albert. Egoismus!

Obrist. Für 3000 Thaler!

Albert. Sie haben stets meinen Vater kommandirt — er parirte rücksichtlich meiner nicht mehr — Sie haben ihn zwingen wollen —

Obrist. Kann seyn —

Albert. Er läßt sich nicht zwingen — deßhalb zürnen Sie. Weil Sie zürnen, soll ich die Umstände nach Ihrem Gefallen zwingen. Das ist gegen meine Ueberzeugung. Nun sind Sie verdrießlich, daß ich mich nicht zwingen lasse. Sie haben recht, und ich habe recht; so ist jetzt die Lage unter uns beiden.

Obrist. Und so wird sie bleiben?

Albert. Vermuthlich.

Obrist. Gesegnete Mahlzeit! Geht.

Albert. Ich danke. Geht.

Obrist am Ausgange. Holla!

Albert eben so. He?

Obrist. Hohle dich der Teufel!

Albert. Diese Verwünschung verdenke ich Ihnen nicht.

Obrist geht auf ihn zu. Ist denn gar kein Herz und keine Empfindung in dir?

Albert. Vernunft!

Obrist. Also lauter Gleichviel?

Albert. Empfindungen steigen und fallen nach den Umständen, die Vernunft ist konsequent und steht fest.

Obrist. Nun denn, vernünftiger Satan! — so stehe nur fest im Feuer und neben meiner Tochter, mehr fordre ich nicht für meine rasende Gutheit. — Thust du das nicht, so wird dir mit aller

Vernunft der Hals gebrochen. — Ich wünsche wohl zu speisen.

Albert. Dasselbe. Geht ab.

Sechster Auftritt.

Obrist. Unterofficier Linde.

Unterofficier. Die Suppe ist aufgetragen.

Obrist für sich. Meine Hoffnungen sind abgetragen.

Unterofficier näher kommend. Was befehlen Sie?

Obrist. Nichts!

Unterofficier. So gehe ich.

Obrist. Bleib!

Unterofficier. Ich bleibe.

Obrist. Sprich!

Unterofficier. Was?

Obrist. Was du willst.

Unterofficier. Die Witterung fängt an —

Obrist. Halts Maul von der Witterung!

Unterofficier. Der alte Ernst —

Obrist. Ist ein Esel!

Unterofficier. Er trägt schwer, der arme Mann, denn —

Obrist. Aergre mich, ich befehle es!

Unterofficier. Der Aerger hat Sie ja eben erst verlassen. Auf Albert deutend.

Obrist. Nein, hier in der Brust sitzt die volle Ladung — Er ballt die Hände. sie muß heraus. — Rede — zünde — daß die Last losbrennt — ich halte es sonst nicht aus! Rede — oder ich vergreife mich an dir!

Unterofficier. Ich will Ihnen eine Geschichte erzählen. Wenn ein Bursche ein hübsches, wackres, ehrliches Mädchen beschwatzt, verführt, und sie in der Verzweiflung verläßt, was ist er dann?

Obrist. Ein Schurke!

Unterofficier. Wenn der Vater des Mädchens ihm Vorstellung macht und er nichts darauf giebt —

Obrist. Wer ist der Höllenbrandt?

Unterofficier. Wenn der Vater des Mädchens in seinem Jammer doch noch so viel Rücksicht nimmt, den redlichen Vater des Verführers zu schonen —

Obrist. So thut er recht, aber den Betrüger soll er todtschlagen, todt auf einmal!

Unterofficier. Ich glaube, daß ich so thun würde.

Obrist. Wo ist die Geschichte passirt?

Unterofficier. In der Nähe.

Obrist. Wer ist der Spitzbube?

Unterofficier. Ich bin kein Anbringer.

Obrist. Ich will alles wissen.

Unterofficier. Sie werden es erfahren.

Obrist. Ich wills jetzt wissen, von dir, hier! zur Stelle! gleich!

Unterofficier. Geht nicht; ich habe mein Wort gegeben.

Obrist. So halte es!

Unterofficier. Die Suppe wird kalt.

Obrist. Ich esse nicht.

Unterofficier. Sie thun recht daran.

Obrist. Dein Spitzbube heißt mit dem ersten Buchstaben Hans?

Unterofficier. Ich habe das Wort gegeben.

Obrist schnell. Man muß kein unvernünftig Wort geben.

Unterofficier bedenkend. Es kommt manchmal rasch —

Obrist nach kleiner Pause, stark. Hat man's aber gegeben — so muß man es halten.

Unterofficier. Das muß man —

Obrist sehr heftig. Und wenn alles zu Grunde geht, Habe und Gut —

Unterofficier. Wenn nun aber Menschen zu Grunde gehen —

Obrist. Was soll das?

Unterofficier. Eine einzige Tochter!

Obrist. Kerl!

Unterofficier. Ein Kerl ist — ein Mann! Nur weiter zu dem Manne, Herr Obrist.

Obrist Er hält ein, wird nachdenkend, bedeckt das Gesicht und seufzt. Ach Gott!

Unterofficier. Nun — jetzt ist der Schuß losgebrannt. Das wollten Sie ja so haben!

Obrist an Wehmuth grenzend. Ja! — Aber auf die Brust deutend. das Geschütz hat einen Riß bekommen. Geht ab.

Unterofficier. So? — Dann wird vor der Hand nicht wieder geladen, und darauf kommt es an. Folgt ihm.

Siebenter Auftritt.

Hans. Albert.

Albert. Ob du drinnen mit mir gesprochen hättest oder hier —

Hans. Das ist nicht einerley.

Albert. Zur Sache!

Hans. Es ist deine Sache.

Albert. Nur keine moralische Vorlesung!

Hans. Lieber Albert, ich bitte dich um eine gute Handlung.

Albert nach der Uhr sehend. Wir werden doch endlich essen?

Hans. Der Vater spricht mit dem Oberfalkenmeister, die Mutter kapitulirt mit dem alten Ernst — wir haben noch etwas Zeit. Höre mich an!

Albert. Also?

Hans. Der Vater will dem Obristen das Geld leihen, den Baron zu bezahlen.

Albert. Vernünftig!

Hans. O ja! Aber der alte Baron ist unvernünftig. Der will erst den Obristen fragen, und wie der mit dem Vater jetzt steht, und wie er seine Ehrenbegriffe hat, so wird nichts daraus, das sage ich dir vorher.

Albert. Das ist des Obristen Sache.

Hans. Nein, das muß unsre Sache seyn.

Albert. Unsre?

Hans. Höre, wie ich das meine. Wir beiden Brüder wollen uns für den Obristen verschreiben, und die Mutter muß es auch. Du mußt den Oberfalkenmeister anpacken, daß er das eingeht.

Albert. Laß mich nachdenken.

Hans. Sonst verkauft der alte Mann, zieht weg und wird unglücklich, das darf nicht seyn.

Albert. Deine Idee ist vernünftig.

Hans. Gut gemeint.

Albert. Wir wollen uns dem Oberfalkenmeister für 5000 Thaler verschreiben.

Hans. Die Schuld ist ja nur 3000 Thaler.

Albert. Er muß noch herausgeben, dabey wird er wohl 3 bis 400 abziehen; so bekomme ich noch 1600 heraus.

Hans. Das geht nicht.

Albert. Warum nicht?

Hans. Wir betrügen den Vater.

Albert. Das geschähe ja schon mit den 3000 Thalern!

Hans. Nein, denn die hat er schon geben wollen.

Albert. Ey mein gutherziger Hans, du bist geitzig, du willst dein Erbe nicht schmälern.

Hans. Rede nicht vom Erbe! Der Vater und die Mutter leben, und ich hoffe, sie leben noch recht lange. Muß es leider einmal eine Aenderung geben — ich bin hier oben Hausherr, und es fehlt dir, so komm herauf und laß es dir hier wohl seyn. Du bist mein Bruder, und wenn ich dich schon nicht begreife, so soll dir doch nichts fehlen. Aber den Vater hintergehen — das kann ich nicht.

Albert. Schreib 5000 — so trete ich dir Sophien ab.

Hans faßt rasch seine Hand. Im Ernst? Bruder! du willst —

Albert. Im Ernst!

Hans läßt seine Hand los, geht bey Seite.

Albert. Nun?

Hans. Bruder Albert — es geht doch nicht!

Albert. Für 3000 Thaler schreibe ich nicht.

Hans. Ich kann den Vater nicht betriegen.

Albert. Ein vernünftiger Ausweg ist niemals Betrug.

Hans. Das verstehe ich nicht, aber ich fühle, daß es nicht seyn muß, und dabey bleibe ich stehen.

Albert. So kommst du um das Mädchen.

Hans. Wenn du auch nein sagst, so hat der Obrist darum noch nicht ja gesagt.

Albert. Unterschreib 5000 Thaler, so reise ich fort, und dann geh zum Obristen und mache dein Opfer gelten.

Hans. Das könnte ich nicht, ich würde mich schämen.

Albert. Es ist die vernünftigste Intrigue von der Welt.

Hans. Darauf verstehe ich mich nicht.

Albert. Alles in der Welt geht durch Intrigue.

Hans. Hier oben nicht.

Albert. Hier wie überall.

Hans. Seit ihr gekommen seyd.

Achter Auftritt.

Vorige. Madam Lonau.

Madam Lonau zu Hans. Was willst du hier?

Hans. Nichts, das Ihnen Verdruß machen kann.

Madam Lonau. Geh und höre zu, was dein Vater mit dem Oberfalkenmeister spricht.

Hans. Horchen schickt sich nicht.

Madam Lonau. Einfältiger Mensch!

Hans. Mags! Ein klügerer thäte Ihnen jetzt schlechte Dienste.

Madam Lonau. Hoffe nicht, daß du aus deines Bruders Fehltritt Vortheil ziehen wirst. Dafür sorge ich!

Albert. Ich will sehen, wie der Oberfalkenmeister zu behandeln ist. Geht ab.

Madam Lonau zu Hans. Geh deiner Wege, ich habe meine Schwester herbestellen lassen.

Hans. Das Beste habe ich gethan. Mit dem armen Ernst habe ich geweint, wie ein Sohn, und ihm zugesagt, daß er in seinem großen Unglück den Sohn immer an mir finden sollte, so wie seine unglückliche Tochter einen Bruder; und er hat mir versprochen, daß er dem Vater nichts sagen will.

Madam Lonau. Das mußt du aber auch nicht.

Hans. Versteht sich.

Madam Lonau. Auch dem Obristen nicht.

Hans. Das fühle ich schon so, daß das nicht seyn muß. Wäre das aber nicht; so würde es wenig helfen, daß Sie mir es verbieten.

Madam Lonau. Dein Herz ist ganz gut, Hans — aber du hast gar zu wenig Vernunft.

Hans. Nun — wenn Sie einmal mit Alberts Vernunft nicht recht fortkommen, so sehen Sie sich nach meinem Herzen um, das bleibt immer auf der geraden Straße, Geht. und Sie können ihm aufpacken, was recht ist.

Neunter Auftritt.

Kommerzienräthin. Madam Lonau.

Kommerzienräthin. Wer bleibt auf der geraden Straße?

Madam Lonau. Er spricht von seinem Herzen —

Kommerzienräthin. Eine ennuyante Partie.

Madam Lonau. Jetzt gieb Rath, Schwester —

Kommerzienräthin. Zu einer andern Tunika?

Madam Lonau. Ach nein! Ein wahres Unglück! Albert hat das einfältige Mädchen, die Tochter des alten Ernst, hübsch gefunden —

Kommerzienräthin. Das weiß ich. Sie ist auch wunderschön. Er hat sie mahlen lassen, sie hat als Modell zur Niobe stehen müssen.

Madam Lonau. Aber nun ist leider Gottes —

Kommerzienräthin. Ein göttliches Gemählde! So viel Geist in der ganzen Gestalt — ein solcher Schmelz in den Farben — ein so hoher Ausdruck der Leidenschaft —

Madam Lonau. Aber der Vater ist ganz—

Kommerzienräthin. Still doch! Der eine Arm umschlingt das letzte Kind und reißt es mit krampfhafter Angst an sich, der andere ist nach der zürnenden Latona ausgestreckt. Welche Wehmuth, Anstrengung, Angst — welch ein Adel in Gesicht und Gestalt!

Madam Lonau. Aber das Kind!

Kommerzienräthin. Das Kind ist halb in das Gewand der Mutter verhüllt, nur halb sichtbar und schon todt von —

Madam Lonau. Es lebt ja, es lebt ja!

Kommerzienräthin. Es lebt noch, aber schon hat es die Angst entseelt —

Madam Lonau. Wollte Gott!

Kommerzienräthin. Aus dem bang empor gerichteten Auge perlt eine Thräne herab.

Madam Lonau. Aber meine Angst! Meine —

Kommerzienräthin. Schwester! diese Thräne ist ein Meisterstück. Wenn ich so die Hände vorhalte, damit ich nur dieß liebe Gesicht, diese Engelthräne sehe — ich kann mich der Rührung nicht erwehren.

Madam Lonau. Höre mich doch an!

Kommerzienräthin. Das Gemählde ist bey mir. Der Künstler sitzt Schulden halber, und ich hoffe es wohlfeil zu bekommen.

Madam Lonau. Aber das Mädchen, die Tochter von Ernst! davon rede ich.

Kommerzienräthin. Was kümmert mich das Original!

Madam Lonau. Sie ist ja Mutter geworden!

Kommerzienräthin. So? Schade um die Figur!

Madam Lonau. Durch Albert!

Kommerzienräthin. Ey!

Mad. Lonau. Der alte Ernst ist außer sich!

Kommerzienräthin. Er ist ein Betbruder!

Madam Lonau. Das Mädchen hat ihm geschrieben. Der dumme Unterofficier hat den Brief mitgebracht. Mit tausend Bitten hat Hans ihn vermogt, die Geschichte meinem Manne nicht zu erzählen.

Kommerzienräthin. Das ist ja gut.

Madam Lonau. Aber er macht hohe Ansprüche.

Kommerzienräthin. Das verdient ja gar das Aufheben nicht. Die Gesetze haben für alles gesorgt. Man giebt der Kreatur, was die Gesetze verordnen.

Madam Lonau. Ihr Vater nimmt es viel höher. Er spricht von seiner Ehre —

Kommerzienräthin. Man läßt ihn heute sich ausreden, morgen keine Antwort, übermorgen schweigt er von selbst.

Madam Lonau. Ach es steht alles anders! Von Heirath will er —

Kommerzienräthin. Mit einem Stubenmädchen?

Madam Lonau. Will er selbst nichts wissen.

Kommerzienräthin. Desto besser!

Madam Lonau. Dazu wäre Albert zu schlecht, sagte der Unverschämte —

Kommerzienräthin. Bravade? So tröstet ihn der Stolz. Gut!

Madam Lonau. Aber er spricht von Rache. Er will es nicht so hingehen lassen —

Kommerzienräthin. Das gewöhnliche Vaterfieber! Das legt sich.

Madam Lonau. Wenn das der Obrist erführe —

Kommerzienräthin. Ein Soldat nimmt es mit einer schönen Thorheit nicht so hoch!

Madam Lonau. Der Obrist ist fromm und ehrgeitzig —

Kommerzienräthin. In eigner Sache. In fremder wohl nicht.

Madam Lonau. Albert macht gar nichts aus der ganzen Sache.

Kommerzienräthin. Vernünftig!

Madam Lonau. Der Obrist würde das sehr übel nehmen, er würde rasen, würde meinen Mann gegen Albert aufhetzen, ich komme in alles Unrecht und müßte aus Erkenntlichkeit nachgeben. Das halte ich nicht aus. Nun muß ich vollends hier weg.

Kommerzienräthin nachdenkend. Alberts Heirath mit Sophien könnte dadurch scheitern.

Madam Lonau. Und mein Ansehen.

Kommerzienräthin. So brichte dem Obristen und proponire den Hans für die Sophie!

Madam Lonau. Daß ich vollends unter die Herrschaft von Allen käme?

Kommerzienräthin. Das mach' wie du meinst. Aber der alte Baron hat Heirathsideen.

Madam Lonau. Du willst nichts, als nur den Baron hier weg haben.

Kommerzienräthin. Ich sehe natürlich meine Sache zuerst.

Madam Lonau. Wir müssen nur mit dem Obristen alles rasch zu Ende bringen, und ich muß hier weg.

Kommerzienräthin zuckt die Schultern. Genau überlegt, rathe ich, gieb den Gedanken auf, noch in die Welt zu gehen, sey gescheidt und bleibe hier.

Madam Lonau erschrocken. Warum?

Kommerzienräthin lächelt. Es ist etwas zu spät dazu.

Madam Lonau, aufgebracht. Zu spät? Zu spät!

Kommerzienräthin. Wahrlich, mein Kind! Sage mir, was willst du in der Stadt?

Madam Lonau. Da werde ich mich so gut finden, wie du.

Kommerzienräthin. Nicht völlig so gut!

Madam Lonau. O ja! Man muß nur beständig sprechen, unter vielen Worten fallen auch kluge Worte.

Kommerzienräthin. Du bist doch wahrhaftig ohne alle Wissenschaft!

Madam Lonau. Nicht so ganz! Ich habe in den Lectionen immer am besten bestanden.

Kommerzienräthin. Die Historie von Romulus und Remus ist wohl deine ganze Bewanderung in der Geschichte.

Madam Lonau. Ich werde mich befleißigen.

Kommerzienräthin. Du mußt A B C-Stunden nehmen.

Madam Lonau. Dich hole ich wohl ein, deine gelehrten Gesellschaften geben mir so gut als dir —

Kommerzienräthin ernst. Mein Kind, da kannst du nicht hinkommen.

Madam Lonau. Warum nicht? Warum?

Kommerzienräthin. Du bist eine ganz ehrliche Frau — aber nimm mirs nicht übel — du bist —

Madam Lonau. Ich nehme das schon sehr übel. Nun ist es genug!

Kommerzienräthin. Es könnte mir doch wahrlich nicht konveniren, wenn du ausgelacht würdest —

Madam Lonau stampft mit dem Fuß. Ausgelacht —

Kommerzienräthin. Sieh nur, wie du dich geberdest, wie du schreyst. Du hast hier auf dem Berge der Stimme und Schritten alle Bequemlichkeit gegeben — aber in einem Salon müßte man sich schämen, dich zuhören und zu sehen.

Madam Lonau. O ich weiß, daß du mit den Schuldnern so toben kannst, und um die Einkaufpreise so schreyst, daß die Nachbaren die Fenster aufreißen.

Kommerzienräthin. Wenn ich zanke, ist doch ein richtiges Crescendo dabey, und so wird mein Lärmen Melodie. Aber du passest nirgend als auf das Land. Schon deine Kleidungen —

Madam Lonau. Ich werde so gut eine Griechin vorstellen als du!

Kommerzienräthin. Ha ha ha! Eine Griechin aus Dünkelspiel!

Madam Lonau. Was bist du mehr?

Kommerzienräthin. Madam werden sehr absprechend!

Madam Lonau. Madam vergessen sich!

Kommerzienräthin. O, eine Antike bist du — — nur eine deutsche Antike!

Madam Lonau. Und zwar wohl erhalten—

Kommerzienräthin. Im Gebirge!

Madam Lonau. Aergere dich nur, ich komme doch hin!

Kommerzienräthin. So präparire dich mit niederschlagenden Pulvern, denn du wirst ausgelacht, wie noch keine Landgöttin ausgelacht worden ist.

Madam Lonau. Deine Gelehrten lachen schon auf der Treppe, ehe sie ins Zimmer kommen, genießen deine Kollationen und fallen an die Wände für Gelächter, wenn sie fortgehen.

Kommerzienräthin. Das ist nicht wahr.

Madam Lonau. Das ist wohl wahr.

Kommerzienräthin. Nein!

Madam Lonau. Ja! Frag' nur Albert! der weiß es.

Kommerzienräthin. Albert ist ein unverschämter Taugenichts!

Madam Lonau. Weil er klüger ist als du.

Kommerzienräthin. Er ist der Spott aller wahren Gelehrten —

Madam Lonau. Er ist der einzige, der dich noch in der Höhe erhält.

Kommerzienräthin. Seine ungezogne Schreibart macht ihn aller Welt verächtlich.

Madam Lonau. Der Neid schmäht ihn und die niederträchtige Mittelmäßigkeit.

Kommerzienräthin. Er soll Sophien nicht haben, du sollst die Herrschaft verlieren, hier oben bleiben, gedemüthiget werden, oder ich will das Leben nicht haben! Geht ab

Madam Lonau. Dir soll der Wucher gestört, dein gelehrter Hochmuth gebändigt, der Oberfalkenmeister entrissen werden, oder ich gehe nicht gesund von dieser Stelle! Geht ab.

Zehnter Auftritt.

Obrist.

Sieht sich überall um. Ich habe doch die beiden Frauen hier laut reden hören — nun ist doch niemand da! Ach, wenn die Madam nicht auf das Mittagsessen dringt — mit mir eilt es nicht. Will eben gehen.

Eilfter Auftritt.

Voriger. Oberfalkenmeister und Hans.

Beyde Letztere aus verschiedenen Eingängen, aber zugleich.

Hans eilig. Lieber Herr Obrist, ein Wort von —

Oberfalkenmeister. Eben wollte ich zu Ihnen schicken und —

Beide sehen sich nur halb an.

Obrist. Nun — da bin ich.

Oberfalkenmeister. Bester Kriegsheld! Lassen Sie den Groll fahren — hören Sie mich an! —

Obrist. Wenn ich muß — und leider muß ich!

Oberfalkenmeister. Nun — zu Hans. nur vorangegangen, nur geredet.

Hans. Pressirt nicht mehr!

Obrist unfreundlich. Ward doch so eilig angefangen —

Hans. Ja! Aber — deutet mit den Augen auf den Oberfalkenmeister.

Obrist tritt fest auf ihn zu. Ich rathe schon.

Hans. Das gebe Gott!

Oberfalkenmeister tritt nun auf des Obristen andere Seite.

Obrist. Aber ich will nichts wissen. Verstanden?

Hans. Sie haben gar keine Ursach mit mir zu zürnen, wahrlich nicht!

Obrist. Nicht einen Laut will ich hören von allem, was etwa passirt seyn könnte, das erkläre ich!

Hans. Da sehen Sie mir fest in die beiden Augen, Sie finden keinen Hinterhalt darin und keinen Schadenfroh!

Obrist. Also! Wir sind mit einander fertig.

Hans. Nein, gar nicht, Herr Obrist! —

Oberfalkenmeister. Der beste junge Mosje werden nun wohl Ihre Person beseitigen.

Hans. Das wird er bleiben lassen.

Oberfalkenmeister. Ich folge Ihnen gleich nach.

Hans. Ich werde mit Ihnen weggehen.

Oberfalkenmeister zum Obristen. Was meinen Sie? Das ist eben nicht extra poli agirt, muß ich sagen.

Obrist. So bin ich poli — Adieu!

Oberfalkenmeister. Ich bitte dringendst!

Obrist. Zum Ende!

Oberfalkenmeister. Es betrifft Ihre Angelegenheit des Geldes, des Kapitals —

Hans. Gleichfalls!

Oberfalkenmeister. Und dahin einschlägliche Haupt-Nebenanträge —

Hans. Die mich angehen. Drum bleibe ich.

Oberfalkenmeister. Ich muß diesen Abend retourniren —

Obrist. Glückliche Reise!

Hans für sich. Gleichfalls!

Oberfalkenmeister. Der Zahlungstermin ist —

Obrist. Ist da. Geben Sie auf den Wechsel heraus, nehmen Sie das Wesen hier an und reisen Sie mit Gott.

{ Oberfalkenmeister. Schön, schön!
{ Hans. Nun und in Ewigkeit nicht!

Obrist. Was gehts ihm an?

Hans. So viel als mein Leben!

Zwölfter Auftritt.

Hier wird, von den andern ungesehen, oben hinter dem Oberfalkenmeister die Kommerzienräthin sichtbar.

Oberfalkenmeister. Ce drole ne me quitte pas — Reden Sie Französisch?

Obrist. Nein!

Oberfalkenmeister. Nun dann zu deutsch! Herr Obrist — ich kann das Kind, die Sophie, das goldene Fräulein nicht vergessen.

Obrist. Müssen's doch!

Hans. Ja wohl!

Obrist. Nicht drein geredet!

Hans. Darein wohl!

Oberfalkenmeister. Ein reicher Schwiegersohn — zöge Sie aus aller Verlegenheit. Ich — so wahr — ja Kavaliersparole! ich biete mich dazu an!

Obrist. Das ist nichts!

Hans fröhlich Das war etwas!

Obrist. Er kriegt sie doch nicht.

Hans. Wer weiß?

Oberfalkenmeister empfindlich. Ich werde doch, will ich hoffen, mit andern Augen angesehen wie der Mosje?

Hans. Fragen Sie Sophiens Augen!

Oberfalkenmeister. Ein Kavalier!

Hans für sich. Papier!

Oberfalkenmeister. Man nennt mich — der Reiche!

Hans halb laut. Eine Leiche!

Oberfalkenmeister. Ich habe gedient!

Obrist. Aber wie?

Oberfalkenmeister. Mein Ansehen —

Hans. Ich sehe nichts.

Obrist. Genug, wir sind miteinander fertig!

Oberfalkenmeister. Sie weisen mich ab?

Obrist. Ab und zur Ruhe!

Oberfalkenmeister. So ist das Gütchen mein!

Hans. Nein!

Obrist. Nicht naseweis!

Oberfalkenmeister. Ganz recht! Sagen Sie ihm noch etwas. Solche Kinder —

Hans. Werden Leute! Rechtliche Leute reden, wie es ihnen um das Herz ist. Herr Baron, wie Sie auch gedient haben mögen, jetzt dienen Sie schlecht. Oben von Sophien sind Sie unrecht heruntergekommen und hier stehen Sie falsch. Sie verschweigen, was der Vater ehrlich thun will —

Oberfalkenmeister lächelt. Das werden der Herr Obrist nicht annehmen —

Obrist. Was giebts?

Hans. Freundeshand! Herr Obrist — er hat sein Wesen darüber gedeckt, drum werden Sie nichts davon gewahr. Lassen Sie mich die an den Tag bringen, greifen Sie zu und weisen Sie den alten Freund nicht ab.

Oberfalkenmeister. Das kann ja mit der Ehre gar nicht bestehen —

Hans. Den Mann lassen Sie sprechen, wenn von der Ehre die Rede ist; wir wollen ihm zuhören.

Obrist. Was für Ehre? he!

Oberfalkenmeister verächtlich. Der Herr Lonau will allenfalls für Sie bezahlen —

Obrist. Das will ich nicht!

Hans. Warum aber nicht?

Obrist. Das geht nicht! Kein Wort mehr davon! Durchaus nicht!

Oberfalkenmeister. Das wußte ich wohl.

Hans. Stellen Sie meinen Vater mit Ihrem Schuldbrief da vor sich hin. Sieht er schlechter aus, als der Herr da?

Oberfalkenmeister. So einen Almosenantrag möchte ich ja einem braven Kriegsmann gar nicht einmal thun!

Hans. Aber einen nichtswürdigen Antrag der braven Kriegsmannstochter?

Obrist. Still davon! Der Herr ist kein Gegner. — Sag dem Vater, daß ich danke, und jetzt gehen wir unsers Weges. Geht.

Hans. Zum Vater geht Ihr Weg —

Obrist. Vordem wohl.

Hans. In seine Arme!

Oberfalkenmeister. Nehmen Sie mich als Sohn an, so ist die Folge —

Kommerzienräthin klopft ihm auf die Schulter, lachend. Ein Sarg!

Oberfalkenmeister erschrocken. Gerechter Gott!

Obrist. Ich habe Sie gesucht, Madam!

Kommerzienräthin. So habe ich erfahren, bin umgekehrt und habe gehört —

Obrist. Gehorcht?

Kommerzienräthin. Daß der Mann mich hintergeht und Sie bevortheilt. Glauben Sie mir, er ist falsch —

Obrist. Er ist doch Ihr Freund!

Kommerzienräthin. Durch seine Falschheit mein Feind, drum will ich ihn verderben.

Oberfalkenmeister. Sie vernehmen doch die Gesinnungen.

Obrist. Die sind einander wehrt.

Kommerzienräthin. Ueber Ihre sämmtlichen Meinungen bin ich hinaus. Setzen Sie sich über Thatsachen, die ich vertrage, hinweg, wenn Sie können. Herr Obrist — der da Auf Hans deutend. ist der Mann für Ihre Tochter.

Obrist. Nein!

Kommerzienräthin. Nehmen Sie den Antrag des jungen Menschen an.

Oberfalkenmeister. Nein! dann sage ich, nehmen Sie die Proposition seines Bruders an.

Kommerzienräthin. Welche?
Obrist. Was will der?
Hans. Nein, das geht nicht!

Oberfalkenmeister. Herr Albert und die Mama haben sich unterschreiben wollen, nach des Vaters Tode für Sie zu bezahlen.

Obrist. Wahrhaftig? Brav, Albert! brav, o sehr brav! Gott lohne dir es!

Oberfalkenmeister. Und das hat mir Herr Albert —

Obrist. Aber das geht nicht. Ich habe gelobt, ich muß halten, ich!

Hans. Ey, das habe ich auch unterschreiben wollen —

Oberfalkenmeister. Nein, das haben Sie brav nicht gewollt — refusirt hat er das!

Obrist. Recht, mein Schatz! du bist eine ökonomische Seele!

Hans. Herr Obrist, ich habe —

Obrist. Hast ja recht, liebes Kind! Laß Vater und Bruder zahlen, freye um das Mädchen und behalte die Thaler! O du eingefleischter Verwalter du!

Hans. Hören Sie mich doch an!

Obrist. Bursche, ich lobe dich ja, was ich kann, du bist ein ganzer Haushälter. Wer hat denn dir auch gesagt, daß die Unterschrift deiner

Klaue von mir gewollt und genommen wird? — Nichts! — Sie nehmen das Wesen, Albert die Tochter, meinen Segen, mein Herz, und so gehen wir auf Ehre, Kanonen und Fahnen zu — vorwärts marsch! Will mit der Kommerzienräthin gehen.

Kommerzienräthin. Halt!

Obrist. Woran?

Kommerzienräthin. An der Schande!

Obrist stutzt. Was?

Kommerzienräthin. Der redliche alte Ernst hat eine schöne Tochter —

Obrist erschrocken. So wäre es —

Kommerzienräthin. Es ist!

Obrist schlagt die Hände zusammen. Ernst?

Kommerzienräthin. Ernst!

Obrist. Ich will nichts wissen.

Kommerzienräthin. Ein tugendhaftes Mädchen.

Obrist. Jetzt darf ich nichts wissen.
Hans. Tante, warum verrathen Sie den Bruder?

Kommerzienräthin. Sie ist Mutter durch Albert —

Obrist. Was?

Kommerzienräthin. Er verläßt sie!

Obrist. Verläßt —

Kommerzienräthin. In Verzweiflung!

Obrist. Hole ihn der Teufel! Ihn —

Kommerzienräthin. Bleibt bey dem Elend ganz ruhig —

Obrist Und seine Unterschrift? — Nichts will ich von ihm —

Kommerzienräthin. Der alte Ernst —

Obrist. Linde! holla he, Linde hierher — daher – gleich! komm herunter!

Hans. Leise, lieber Herr Obrist! — mein Vater weiß kein Wort von der ganzen Sache!

Kommerzienräthin. So ein Mensch kann nicht Ihre Tochter bekommen —

Obrist. Nein, nein!

Kommerzienräthin. Dem da gehört sie!

Obrist. Linde! Holla Linde - hierher! — Dem gehört sie auch nicht, dem gehören Aecker und Thaler und Haber, aber nicht mein Kind!

Dreyzehnter Auftritt.

Vorige. Unterofficier Linde.

Unterofficier. Was befehlen —

Obrist. Den alten Ernst! Er soll herüber zu mir, gleich — mit mir essen, mit mir weinen — mich anhören — geh, bringe ihn — er soll, er muß herauf! Fort! Was stehst du noch da?

Unterofficier. Von Herzen gern thue ich den Gang.

Obrist ihm nach. Ich will ganz allein mit ihm seyn — ganz allein!

Vierzehnter Auftritt.

Vorige. Herr Lonau.

Lonau. Welch ein Lärm? Was geht denn hier vor?

Obrist. Du bist brav — dein Albert ist ein Teufelskind — der ist ein Rechenmeister — ich kann keinen von beiden brauchen —

Kommerzienräthin. Aber da doch Hans —

Obrist. Und Sie, Madam, kann ich wahrhaftig gar nicht brauchen. — Lassen Sie mich! Speisen Sie auf Ihrem Zimmer!

Lonau. Aber sagt nur —

Obrist. Herr Bruder, trau ihr nicht über den Weg. Sie setzet heute den auf die Pulvermine, morgen einen andern, und zündet das höllische Feuer nach Herzensbelieben. Was für Menschen! Was für Seelen! Lieber dicht vor einen Vier und zwanzig Pfünder mit Kartätschen, als vor das Geschoß, was ihr Mund losläßt. Alter, wir Beide sind ehrliche Kerls. Schade, daß wir sonst nicht zusammen passen — die andern gehören zum Troß; alle, alle, hohle sie der Teufel, je eher, je lieber! Geht ab.

Funfzehnter Auftritt.

Vorige, ohne Obrist.

Lonau. Woran bin ich denn hier?

Hans. Komm mit mir, Vater, ich will dir sagen, was dir nöthig und gut ist. Ich für mein Theil habe nie weniger gewußt, woran ich bin als jetzt. Gehen ab.

Sechszehnter Auftritt.

Oberfalkenmeister. Kommerzienräthin.

Kommerzienräthin. Nun, mein Herr Kabaleur! Wie jämmerlich Sie nun da stehen!

Oberfalkenmeister. Sie stehen hier auch recht artig.

Kommerzienräthin. Gehen Sie zu Tisch!

Oberfalkenmeister. Speisen Sie drüben mit uns? Bietet ihr den Arm

Kommerzienräthin. Das kann ich nicht.

Oberfalkenmeister. Oder unten bey dem Herrn Obristen?

Kommerzienräthin. Das will ich nicht.

Oberfalkenmeister. Soll ich Ihnen etwas zu essen hier in den Wald schicken? So werden Sie sich hier verpatientiren müssen.

Kommerzienräthin. Gehen Sie zum Teufel!

Oberfalkenmeister. An den hat uns freylich der Obrist sämmtlich angewiesen.

Kommerzienräthin. Lahmer Spötter!

Oberfalkenmeister. Es ist sehr heiß. — Ich wünsche Ihnen guten Appetit! Geht ab.

Fünfter Aufzug.

Rechter Hand oben aus dem Gebüsche geht eine Bergecke hervor, darauf sieht man zwey Fenster eines Erkers des alten Berggebäudes, was der Obrist bewohnt, besonders herausgebauet. Das übrige des Hauses verliert sich ins Gebüsche. Auf des Berges Mitte geht ein Fußsteig, den Erker vorbey, hinten in die Wohnung. In der Mitte des freyen Platzes ein Ziehbrunnen, rund umher Bänke. Vorn, linker Hand, Lonaus Wohnung, die zwey Flügel einnimmt, im Holländischen Geschmack. Nach den Zuschauern hin steht eine Gartenbank; auf der andern Seite der Thüre etliche Englische Gartenstuhle.

Erster Auftritt.

Unterofficier Linde. Madam Lonau.

Unterofficier geht ins Haus des Herrn Lonau.

Madam Lonau kommt gleich darauf mit ihm an der Hand hastig heraus. Draußen, Herr Linde! draußen!

Unterofficier. Ich bin beordert hineinzugehen.

Madam Lonau. Ich lasse mich nicht beordern.

Unterofficier. Vielleicht ist davon eben die Rede.

Madam Lonau. Zu spioniren?

Unterofficier. Ist im Frieden ein Weiberhandwerk!

Madam Lonau. Wer schickt Sie? Wer?

Unterofficier. Der Herr Obrist und die Frau Räthin!

Madam Lonau. An mich?

Unterofficier. Der Herr Obrist mit einer mündlichen Antwort an Sie, die Frau Räthin schickt ein Billet an Herrn Lonau!

Madam Lonau. Das Billet will ich bestellen.

Unterofficier. Auch gut. *Giebt es ihr.*

Madam Lonau. Und was antwortet der Herr Obrist?

Unterofficier. Er will den gewissenlosen Handel, den Ihr ältester Sohn mit dem armen Mädchen hat, dem Vater verschweigen, wenn Sie den Herrn nicht verlassen, hier oben bleiben, und, wie er ausdrücklich sagt, die Griechische Mondirung ablegen wollen.

Madam Lonau. Das ist ein Komplott!

Unterofficier. Kann seyn.

Madam Lonau. Ich werde meinen Willen durchsetzen — nichts gebe ich nach. Nichts!

Unterofficier. Wenn Sie in allen Stükken Griechisch bleiben, so will der Herr Obrist mit Herrn Lonau reden und zwar sehr deutsch.

Madam Lonau. Für das Mädchen will ich sorgen damit ist alles abgethan!

Unterofficier. Meinen Sie?

Madam Lonau. Aber meine Schwester soll durchaus nicht ihren Willen haben, durchaus nicht. Eher noch — — hm! — Eher thue ich, was Euch allen die Köpfe verdrehen soll. Meine Schwester will alles übersehen? Ich übersehe alles! Was macht der Obrist?

Unterofficier. Er sitzt neben dem armen Ernst und beide sehen in eine Ecke.

Madam Lonau gereizt. Meine Frau Schwester —

Unterofficier. Thut nach Weiberart! — Die gute Sophie hat den Kopf auf die Hand gestützt und sieht ins weite Land hinein. Indem er bey Seite geht Die jammert mich am meisten!

Madam Lonau bricht das Billet auf.

Unterofficier der das Eröffnen des Billets sieht. Donnerwetter!

Madam Lonau liest. Ich lasse mich nicht überlisten.

Unterofficier geht. Das ist zu toll!

Madam Lonau. Wohin?

Unterofficier. Zum Rapport!

Madam Lonau immer im Lesen Nur zu, nur hin! Im Kriege sind alle Mittel erlaubt. — Ey, Herr Linde! da hören Sie doch, was meine liebe Schwester an meinen Mann schreibt: „Herr Bruder! Sie haben" —

Unterofficier. Ich habe zu viel gesehen, als daß ich weiter etwas hören möchte! Geht brummend vor sich Wer heirathet, thut wohl; wer nicht heirathet, thut —

Madam Lonau hastig einen Schritt nach. Was?

Unterofficier umgewendet Thut klug! Geht hinein.

Madam Lonau. Das soll dir nicht gelingen! Zwingen lasse ich mich nicht. Meinen Willen und die Herrschaft behalte ich, und sollte alles zu Trümmern gehen! Sie ruft in das Haus. Albert — lieber Albert! Ein Wort! Hier bin ich, hier!

Zweyter Auftritt.

Madam Lonau. Albert.

Madam Lonau. Diesen Brief hat deine Tante an meinen Mann geschrieben. Liest „Herr Bruder, Sie haben mir rauh begegnet, dagegen will ich redlich mit Ihnen handeln" —

Albert lacht. Wie kommt Sie zu dem Worte „redlich?"

Madam Lonau „Ein bedenkliches Geheim„niß ängstet Ihre Familie. Dringen Sie in Al„bert, es zu entdecken." O über die Bosheit, die Schändlichkeit! —

Albert. Gegenwehr! Weiter nichts.

Madam Lonau. Was? — Höre nur weiter. „Albert bereitet Ihre Scheidung vor, beide, „er und meine Schwester, wollen Sie ausplün„dern. Ihre Frau will in der Stadt eine Figur „spielen, leiden Sie es nicht, weinerlich. denn sie „wird ausgelacht! Mündlich kann ich Ihnen mehr „vertrauen!" — Kind! Was sagst du dazu?

Albert. Es ist unangenehm. Aber —

Madam Lonau. Unangenehm? Schändlich, höllisch —

Albert. Es ist konsequent!

Madam Lonau. Was ist denn schlecht?

Albert kalt. Das Inkonsequente.

Madam Lonau. Nichts von Vernunft, die Unvernunft ist hier besser, die Raserey. Wüthe, drohe, stürme, vernichte mit mir!

Albert. Wenn es zu meinem Zweck führt.

Madam Lonau. Hier ist die Rede von meinem Zweck, der muß der deine seyn.

Albert. Warum?

Madam Lonau. Weil ich deine Mutter bin, weil ich —

Albert. Der Schluß ist unrichtig!

Madam Lonau. Was?

Albert. Wer in der Richtung zu seinem Ziel bleiben will, muß gar keine Verwandte haben.

Madam Lonau. Ich will in die Welt —

Albert. Gut!

Madam Lonau. Ich werde dort eine Figur spielen!

Albert. Fragt sich, welche?

Madam Lonau. So gut wie meine Schwester.

Albert. Dazu gehört Aufwand!

Madam Lonau. Ich will wenig brauchen —

Albert. So gelten Sie nicht.

Madam Lonau. Du sollst mich unterrichten.

Albert. Dadurch verliere ich meine Zeit.

Madam Lonau. Ich will und muß aber hin.

Albert. Gut. Jeder ist seines Willens Herr.

Madam Lonau. Ich will mit dir hin!

Albert. Haben Sie Mittel dazu?

Madam Lonau umarmt ihn Ich habe dich!

Albert. Ich trage schwer an meinem Ich, es zu erhalten —

Madam Lonau. Deine Phantasie ist frisch —

Albert. Die Verleger sind trocken.

Madam Lonau. Albert! demüthige mich nicht so, daß ich hier mich beugen und gehorchen muß!

Albert. Fehlt es mir — so schiebe ich ein System in die Tasche, ergreife den Stock und wandre den Erdboden entlang leicht wie einen Park hindurch. Ueberall sind einzelne Wesen, die ich, die mich anziehen — ich allein bin immer reich!

Madam Lonau. Ich ziehe mit dir!

Albert lächelt.

Madam Lonau. Ueber den ganzen Erdboden.

Albert Sieht an den Himmel.

Madam Lonau. Sey groß — fasse deine Mutter!

Albert. Die Witterung ist oft schlecht!

Madam Lonau. Ich werde eine Spartanerin seyn!

Albert sieht sie an. Die Kleidungsstücke werden wandelbar. —

Madam Lonau. Du trägst meine kleine Habe auf dem Rücken.

Albert. Erlauben Sie —

Madam Lonau. So wie einst, wie hieß der Griechische General — — Aeneas, seinen — was trug er?

Albert. Den Papa.

Madam Lonau. So trägst du meine Habe. Nicht bloß Griechisch gekleidet will ich seyn, ich will auch Altgriechisch handeln. Mädchen folgten oft ihren Geliebten; das ist gemein. Ich werde durch Muth und That die Mütter alle auffordern, schließt Euch an Eure Söhne — geht Schritt auf Schritt mit ihnen durch die Welt.

Albert. Eine große Veränderung!

Madam Lonau. Ich die Erste! Du und ich das einzig erste Paar in der Welt. Sohn, auf welche Höhe führt dich mein Flug!

Albert. Sehr hoch! Aber gleich unten am Berge werden wir halten müssen. —

Madam Lonau. Weswegen?

Albert. Das Geld —

Madam Lonau. Wer nannte es gemeine Wirklichkeit —

Albert. Sie lehrten mich, es sey unbedingte Nothwendigkeit —

Madam Lonau. Aber das Gefühl der Rache —

Albert. Ist groß!

Madam Lonau. Seyen wir groß, du und ich!

Albert. Jeder für sich, in seiner Sphäre!

Madam Lonau. Du hast mir gerathen, den Vater zu verlassen.

Albert. Ich habe bloß Ihre Willensfreyheit bestätigt.

Madam Lonau. Wohl, mein Wille ist es, mit dir zu gehen!

Albert. Hier maßen Sie sich meines Willens an und beschränken mich.

Madam Lonau. Ich habe so viel für dich gethan.

Albert. Es hat Ihnen Vergnügen gemacht, also haben Sie für sich gehandelt.

Madam Lonau. Ich habe den Vater verleitet, dir so große Summen zu geben.

Albert. Dadurch haben Sie seinen freyen Willen beeinträchtigt.

Madam Lonau. Aber, ich habe doch deine Wünsche erfüllt; es ist deine Pflicht, jetzt die Meinigen zu erfüllen.

Albert. Als Sie meine Wünsche erfüllten, haben Sie es nicht auf Bedingungen gethan?

Madam Lonau. Ich mache sie jetzt.

Albert. Die Schlußfolge ist unrichtig.

Madam Lonau. Du bist ein Ungeheuer!

Albert. Das glaube ich nicht.

Madam Lonau. Ein undankbarer Bösewicht!

Albert. Sie urtheilen nicht richtig.

Madam Lonau. Den ich bestrafen werde —

Albert. Wenn Sie konsequent handeln, kann ich Sie deshalb nicht tadeln.

Pause.

Madam Lonau geht heftig auf und ab, bleibt stehen, sinnt nach, schlägt in die Hände. Ich habe alles!

Albert. Geld?

Madam Lonau. Ich werde doch hier die Herrschaft behalten —

Albert. Dann ist Ihr Glück ungestört.

Madam Lonau. Ich werde eine Intrigue anfangen —

Albert. Das ist vernünftig.

Madam Lonau. Ich werde einen ganz andern Weg gehen —

Albert. Das scheint mir jetzt nothwendig!

Madam Lonau. Ich lasse mich nicht lenken, noch zwingen; was geschieht, muß von mir herkommen, aus meinem Willen.

Dritter Auftritt.

Vorige. Hans bringt einen Kaffeetisch.

Hans. Der Vater meint, es währte heut sehr lange mit dem Kaffee —

Madam Lonau sehr freundlich. Dein Vater hat Recht! Sie geht ins Haus, in der Thür dreht sie sich um und sagt zu Albert. Recht hat dein Vater! Geht ab. Ganz recht!

Hans erstaunt. Was heißt das?

Albert lächelt.

Hans. Das Lied habe ich die Mutter in meinem Leben nicht singen hören!

Albert. Der Wind dreht sich. Wir werden vielleicht andre Witterung haben. Er setzt sich auf die Bank und zieht ein Buch aus der Tasche.

Hans. Hm! Meine Saat wird darum doch aufgehen.

Madam Lonau bringt den Kaffee. Nun geh, hole die Tassen, lieber Hans —

Hans sieht erstaunt bald Albert, bald Madam Lonau an.

Madam Lonau. Geh, mein lieber Sohn!

Hans nimmt ihre Hand, schüttelt sie. Ich springe, liebe Mutter! Er springt ins Haus.

Albert. Ich gehe und er bleibt hier, Sie handeln ganz vernünftig!

Madam Lonau. O ich will so vernünftig werden, so — daß du und die Tante darüber von Vernunft kommen sollen!

Vierter Auftritt.

Vorige. Herr Lonau.

Lonau. Das war heut ein stiller Mittag an unserm Tische.

Albert hört auf zu lesen.

Madam Lonau. Es ist wahr. Du hast ganz recht.

Hans bringt die Tassen.

Lonau. Ich habe beynahe allein reden müssen. Setzt sich auf einen Stuhl neben dem Tisch.

Madam Lonau. Dorthin, mein Freund, dort auf die Bank — hier hast du die Sonne im Gesicht, setz dich dorthin!

Lonau. Ich will wohl. Setzt sich auf die Bank. Wo ist denn der Oberfalkenmeister?

Hans. Oben auf der blauen Stube.

Madam Lonau. Er wünscht, daß man ihm den Kaffee schicke.

Hans. Er rechnet. Ich glaube, darin ist er perfekt.

Lonau. Wo steckt aber der Ernst den ganzen Tag?

Madam Lonau verlegen, indem sie den Kaffeetisch rangirt. Er ist ausgegangen, meine ich —

Hans schlägt die Arme unter, und sieht an den Boden. Er hat arge Kopfschmerzen, Vater!

Albert sieht in das Buch.

Madam Lonau. Wenn er denn freylich nicht recht wohl ist —

Lonau. So konnte er mir es doch sagen. Ich hätte ihm die Hand gereicht, mein Salz gegeben und dazu gesprochen — es ist mir leid, pflege dich, Alter!

Albert das Buch zumachend. Wozu nutzt dergleichen?

Madam Lonau rauh. Das Salz hilft!

Lonau. Und herzliche Rede und Antwort bringt einen Tag gar freundlich zum andern.

Hans geht ins Haus.

Albert. Zu viel Aufmerksamkeit verwöhnt die Menschen.

Lonau. Sie dient uns hier oben statt der Kränzchen und Bälle. Ohne Herzlichkeit achte ich das Leben der Rede nicht werth!

Madam Lonau ihm Kaffee bringend Ja wohl!

Lonau. Nicht wahr? Jette!

Madam Lonau nickt ihm zu und geht wieder zurück.

Lonau. Der Ernst ist ein wenig eigensinnig – wenn die Leute nur überhaupt gut sind — in Nebendingen muß man es so genau nicht nehmen; — grundbrav! — Seine Tochter hat lange nichts von sich hören lassen. Das Mädchen schreibt manchmal recht verständige Briefe! Woher sie das nur hat —

Albert. Anlage —

Lonau. Sie mag hübsch geworden seyn.

Albert. Passirt!

Lonau. Der ehrliche Alte bringt mir doch wahrhaftig ein großes Opfer dadurch, daß er hier oben bey mir geblieben ist!

Madam Lonau. Wir wollen ihm dafür etwas zu Gute thun —

Lonau. Meinem alten Freunde gütlich thun? Steht auf So recht, Jette! das war gut gesagt. Recht freundlich, recht herzlich! Ich danke dir dafür.

Madam Lonau. Als ob ich nicht immer gut dächte!

Lonau. O ja! Aber du sprichst nicht immer freundlich.

Hans mit Pfeife, Licht und Fidibus. Er stellt sich vor ihm hin. Da Vater!

Lonau schüttelt den Kopf.

Hans. Warum nicht?

Lonau. Ich muß noch reden —

Hans stellt alles auf den Tisch. Es fällt dir wohl hernach noch ein! Er lehnt sich an die Hausthür.

Madam Lonau. Der alte Ernst — ich will nicht vorschreiben — aber ich habe einen Wunsch für ihn —

Lonau. Laß hören.

Madam Lonau. Der alte Ernst muß mit einem Legat im Testament bedacht werden.

Lonau. Jette! Er reicht ihr die Hand. Gott weiß, du bist allerliebst. Zu seinen Söhnen. Albert — Hans — ihr habt nichts dagegen?

Hans. Vater, das mußt du thun!
Albert. Es geht an, ja!

Madam Lonau. Nicht wahr, Albert, ich bin konsequent?

Albert verlegen. Durchaus!

Madam Lonau. Und — wenn ich dich recht freundlich bitte — siehst du es nach, wenn ich des Jahres auf — drey Wochen will ich sagen — den Albert in der Stadt besuche —

Lonau verlegen. Je nun — aber nicht länger; und Besuche mußt du hierher nicht mitbringen.

Madam Lonau. Nein, nein! Nur die Tochter des ehrlichen Ernst kann ihren Vater hier besuchen —

Lonau. Je öfterer, je lieber!

Fünfter Auftritt.

Vorige. Unterofficier Linde.

Unterofficier. Die Frau Kommerzienräthin läßt grüßen — Sie hat durch mich vorhin an den Herrn —

Madam Lonau. Mein Mann weiß schon —

Unterofficier. So bald ich ausgeredet habe, wird er es wissen. Sie hat —

Madam Lonau. Ein Billet an dich hat sie geschickt. Ich habe sie hier kennen lernen, meine Schwester; fehlerfrey bin ich nicht, aber gegen sie ein Engel. Zu Herrn Lonau Wenn du mich lieb hast, so beweisest du mir das Vertrauen und liesest den Brief nicht.

Lonau. Wo ist er?

Madam Lonau zeigt ihn. Dieß ist er — verlegen aber —

Unterofficier. Lesen Sie nun —

Lonau. Zerreiß ihn!

Madam Lonau zerreißt ihn in kleine Stücken mit großer Hastigkeit. Wie du es befiehlst.

Lonau. Freund Linde sagt der Schwägerin — meine Frau hätte ihre Fehler, wie sie eben selbst gesagt hätte, aber ich hörte doch lieber meine Frau, als daß ich von ihr etwas läse.

Madam Lonau. Dem Herrn Obristen meinen Gruß, und was er verlangt hätte, sollte alles aufs beste besorgt werden, er sollte nur hübsch an mich denken.

Unterofficier mit Gift. Er spricht von Ihnen.

Madam Lonau freundlich. Ich weiß es, lieber Linde. Und meiner Schwester die erfreuliche Nachricht, daß mein lieber Mann mir erlaubt hat, des Jahres einen Monat in der Stadt zu leben.

Lonau. Drey Wochen, Jette —

Unterofficier. Nun, nun!

Lonau. Nichts vom Obristen an mich?

Unterofficier zuckt die Achseln.

Lonau. Gar kein Wort an mich?

Unterofficier schüttelt den Kopf.

Lonau seufzt. Ich lasse ihn herzlich grüßen.

Unterofficier. Wills vollständig ausrichten. Geht ab.

Sechster Auftritt.

Vorige, ohne Unterofficier Linde.

Lonau. Ich glaube, der Obrist und der Ernst komplottiren zusammen gegen mich. Wie wäre es, Albert, wenn du dich nach dem redlichen Alten umsehen wolltest?

Albert betroffen. Ich?

Lonau. Du kannst ihm sonst nichts Liebes erweisen, als das —

Madam Lonau. Und du bist es ihm doch schuldig. Ganz recht. Dein Vater hat Recht, geh zu ihm hin, Albert!

Albert langsam aufstehend. Wenn Sie es ausdrücklich verlangen —

Hans nähert sich theilnehmend dem Bruder.
Madam Lonau. Ja ja!
Lonau. Thue es, mein Sohn!

Albert schnell. Finde ich ihn, so bringe ich ihn daher, setze ihn an Ihre Seite, Mutter, und —

Hans tritt ihm in den Weg. Nicht doch! Ich werde mich nach ihm umsehen. Bleib du bey den Eltern. Sie sehen dich ohnehin nur kurze Zeit, wenn du heute Abend wieder abreisest. Er faßt von hinterwärts Albert auf beide Schultern. Sey du nur ruhig hier, Bruder! Geht links in das Gebüsch. Ich weiß mich zu finden.

Lonau. Eine ehrliche Seele, der Hans!

Albert. O ja.

Madam Lonau lebhaft. Sehr gut! Recht sehr!

Lonau. Heute Abend reisest du schon?

Albert. Es macht sich nicht wohl anders.

Lonau. Es ist mir leid. So laß mich noch ein Wort mit Albert reden, Jette.

Madam Lonau. Der Oberfalkenmeister wird ohnehin ganz und gar vergessen. Geht ins Haus. Ich komme bald wieder.

Siebenter Auftritt.

Herr Lonau. Albert.

Lonau. Der Obrist war vor Tische recht wunderlich gegen dich.

Albert. Ich begreife nicht, wie Sie es neben ihm aushalten.

Lonau lächelt Meine Geduld macht ihm so viel Qual, als mir sein Stürmen. Damit hebt sich die Rechnung. Wird es wirklich Ernst mit seinem Wegziehen von hier?

Albert. Ich glaube Ja.

Lonau. Er will dir Sophien nicht geben?

Albert. Nach dem zu urtheilen, was er Ihnen vorhin sagte —

Lonau. Liebst du denn die Sophie?

Albert. Was nennen Sie, lieben?

Lonau. Du lieber Himmel! Ist man darüber auch nicht mehr einig?

Albert. Ich fürchte, Sie haben einen sehr irrigen Begriff von mir!

Lonau. Es ist möglich. Ich bin lange aus der Welt weg und weiß nicht mehr, was dort rechtens ist. Ueber meine Begriffe von Haus- und Herzensglück ward schon damals gelächelt, als ich hier heraus zog. Jetzt soll man sie gar nicht mehr nennen dürfen.

Albert. Die Formen des geselligen Vertrages, der jetzt —

Lonau. Mache mich nicht damit bekannt. Willst du nun doch noch Officier werden?

Albert. Es ist mir in der That gleichviel.

Lonau. Ich fürchte, du bist nicht glücklich und wirst es nicht.

Albert. Man ist glücklich, wenn man nichts fürchtet.

Lonau. Dann hofft man auch nichts.

Albert. So täuscht man sich nicht.

Lonau. Welchen Werth hat dann das Leben?

Albert zuckt die Achseln. Man trägt es zum Ende!

Lonau. Du bist in Verlegenheit, das thut mir weh. Ich möchte dir wohl gern ein baares Kapital in den Koffer packen, aber sieh, ich darf nicht.

Albert. Fern sey es von mir, Ihre Pläne zu stören.

Lonau. Dein Glück ist mein Plan. Jetzt brauchst du — einst wirst du bedürfen. Für den Augenblick spare ich dir deinen Rest. Du hast etwas gelernt. Ich wollte, du bewürbest dich um einen Dienst.

Albert. Mit etwas Wissen mich an den Markt stellen? Für halbe Bezahlung feil bieten? In Lehrburschen-Anfang mich pressen, um hernach an die Kette des Alltagsverkehrs geschmiedet zu werden? Das kann ich nicht!

Lonau. Daß du bloß in und von Kritik lebst, kann mir nicht gefallen.

Albert. Warum?

Lonau. Einmal ist es leichter zu tadeln, als selbst zu schaffen. Dann —

Albert. Meine Kritiken sind Schöpfungen.

Lonau. Dann achte ich es für ein herzloses Handwerk.

Albert. In den Stürmen unsrer Zeiten kann das Herz nicht steuern.

Lonau. Nun so möge deine Bahn dir leicht werden, wie du sie gehst. Einfachheit und Duldsamkeit geben allein den sichern, ruhigen Lebensgenuß. Mit dieser Wahrheit übergebe ich dir die Summe aller meiner Erfahrungen.

Albert. Ich werde seyn, ich werde wirken. So oder anders. Was liegt daran?

Lonau. Was des Obristen Geldsache anlangt, und wie du dich dazu verhältst, — das — das —

Albert. Ich ahne, daß Sie es vermuthen.

Lonau legt die Hand auf seine Stirn. Aengstige dich nicht deshalb.

Albert küßt seine Hand.

Lonau. Umarme mich!

Albert sieht ihn ernst an, fällt ihm um den Hals will sich los machen.

Lonau. Bleibe noch!

Albert umarmt ihn herzlich.

Lonau. Ruhe aus an der Stelle, wo es oft unruhig um deinetwillen zugegangen ist Behalte den Glauben an deine alten Bekannten hier oben — sie meinen es gut.

Albert richtet sich auf.

Lonau giebt ihm die Hand.

Albert faßt sie mit beiden Händen und sieht fest darauf hin.

Lonau. Wir fühlen Gesetze und Pflichten in der Brust, die keine Vernünfteley weggrübeln kann. Wenn die Stimme inwendig spricht, dann folge, so bist du Herr und König, wo du auch stehst. Er küßt ihn auf die Stirn. So weit!

Albert hält beide gefaltnen Hände vor die Stirne. Sie sind ein sehr würdiger Mann!

Lonau freundlich, indem er ihn auf die Schulter klopft. Jetzt mußt du wahrlich hinein gehen — sonst plaudere ich in einem weg Die alten Leute finden des Ermahnens kein Ende und ich sage Dinge, die du am Ende besser weißt, als ich. Er führt ihn in das Haus, zieht die Thür an und kehrt dann dahin zurück, wo er weggegangen war. Hier stand er vor mir — von hier stürzt er sich wieder in das große Treiben. Jagt, kümmert, mühseligt sich um ein Glück, das immer weiter rückt, je gieriger man es verfolgt. Abgemattet, unstät, feindselig und kalt — sieht er zu spät, daß innige Vertraulichkeit mit der Natur allein das sichre Glück giebt. — Ich habe dieß Gut, ich weiß es, ich halte es fest, — ach, und dir wünsche ich es! Mit freundlicher Rührung. Ey, das war doch recht gut, daß ich bey Zeiten und Kräften meinen vertraulichen Sinn hier herauf in Sicherheit gebracht habe!

Achter Auftritt.

Voriger. Obrist der kurz vorher oben aus dem Fenster sieht.

Obrist den Hut auf. He!

Lonau erschrocken, sieht sich um. Ha?

Obrist. Sprichst du mit dir selbst?

Lonau. Reden muß ich jetzt, und es ist niemand da, der mir antwortet — so gehts denn so fort.

Obrist. Hm! Er schlägt das Fenster zu und geht.

Lonau etwas ärgerlich. Nun — — nun — Er geht vor. darauf hätte er denn nun auch wohl ein Wort sagen können! Droht hinauf. Alter Degen!

Er setzt sich. Der Welt Unfrieden ist in alle diese Menschen gefahren; Der Obrist kommt den Berg herab. wie werden sie sich wieder auf die Stelle finden, wo sie hingehören? — Er geht aus. — Mit Hut — Stock und Degen? — Zu mir will er nicht. Hm — wunderlich!

Obrist geht ihm gegenüber rechts in das Gebüsch, grüßt mit Hutabnehmen.

Lonau dankt mit der Hand.

Obrist kommt an den Eingang zurück. Was?

Lonau. Ich habe nichts gesagt.

Obrist. So, so! Dreht sich zum Weggehen, wendet sich, zieht die Uhr. Es ist noch zu früh. Geht verlegen vorwärts, aber ganz von Herrn Lonau entfernt.

Lonau. Wohin?

Obrist. Hinunter zum Pastor.

Lonau. Die Sonne brennt noch zu sehr gegen den Berg.

Obrist. Drum! — Er setzt sich, halb gegen Herrn Lonau gewendet, auf die Bank am Brunnen. Es hat noch Zeit.

Pause.

Lonau. Ein schöner Tag!

Obrist stützt den Kopf.

Kleine Pause.

Lonau. Morgen haben wir wieder schönes Wetter.

Obrist. Hm!

Lonau. Die Tyroler Gebirge sind hell.

Obrist mahlt mit dem Stocke Figuren an den Boden.

Pause.

Lonau. Morgen kommt mein letztes Heu ein.

Obrist seufzt. Ja, ja! Pause. Das Heu war dieses Jahr sehr gut.

Lonau nickt beyfällig.

Obrist. Uebers Jahr — unmuthig. wer weiß, wie es übers Jahr hier aussieht!

Lonau seufzt. Ja wohl!

Obrist steht auf, und indem er mit gutartiger Heftigkeit vorwärts geht. Es ist gar keine Zeit mehr, wie sonst!

Lonau. Bisher war es hier recht gut.

Obrist Stock und Hände auf dem Rücken, auf- und niedergehend. Bisher!

Lonau. Wie es künftig werden wird —

Obrist heftig. Gut!

Lonau. Da du Albert —

Obrist. Still von Albert!

Lonau. Er ist —

Obrist. Eine ausgebrannte Patrone.

Lonau. Es fehlt ihm wohl freylich —

Obrist. Alles! Auf das Herz deutend. Hier eine zersprengte Pulverkammer — Moder und

Schutt! Auf den Kopf deutend. Hier — überladen. Kein gesunder Blutumlauf. Wollen und Thun verschroben, Frau und Batterie würde er nach Prinzipien aufgeben. Gesunde Prinzipien gehen von hier aus! Auf die Brust schlagend. Spricht hier das Kommando? dann Feuer! Vorwärts! — das Ende wallte Gott!

Lonau freundlich und mit Hoffnung. Nun, dann aber ist Hans —

Obrist unwillig. Hans ist — faßt sich. Hans!

Lonau. Der Mensch ist —

Obrist. Geitzig!

Lonau. Wie, er? Er, der —

Obrist. Geitzig! Ein Possenmacher! Nichts mehr von beiden Söhnen!

Lonau. Also auch nichts mehr von allen meinen Hoffnungen!

Obrist abgewendet. Von uns beiden wollen wir reden.

Lonau. Rede!

Obrist. Rede? — Wie Moses Stab! An den Felsen geschlagen, gleich soll das Wasser laufen!

Lonau. Du bist ja kein Felsen.

Obrist. Leider! — Wir beide sind gut, was in der Mitte ist, taugt nichts, Weiber und Kinder. heftig. Was wird aus uns beiden?

Lonau. Du brauchst mich ja nicht mehr!

Obrist. Das ist nicht wahr! Tritt zu ihm.

Lonau. Wir wollen recht ruhig von unsrer Sache reden —

Obrist. So fange nur an, Herr Bruder!

Lonau will reden, es versagt ihm.

Obrist. Er sieht sich aus Verlegenheit um, erblickt die Pfeife Ei, warum rauchst du nicht? —

Lonau. Ich kann nicht —

Obrist freundlich. Rauche doch, Alter! — Ich bin das so gewohnt, wenn ich dich am Kaffee finde.

Lonau. Uebers Jahr bist du mich ja gar nicht mehr gewohnt —

Obrist geht von ihm und trocknet die Augen.

Lonau. Drum schmeckt mir heute der Tabak nicht.

Obrist nimmt Pfeife, Licht und Papier, reicht ihm die Pfeife, zündet das Papier an und sagt, da Herr Lonau die Pfeife an den Mund genommen hat, mit der Stärke, womit man die Rührung verbirgt: Feuer!

Lonau nimmt die Pfeife an den Mund, versucht es, stellt die Pfeife dann neben sich und schüttelt den Kopf.

Obrist der in seiner Stellung unverwandt geblieben ist. Warum geht es nicht?

Lonau mit gebrochnem Ton auf die Augen deutend. Wasser!

Obrist der Stock und Licht hinwirft, mit offnen Armen. Feuer, Feuer, Feuer!

Lonau steht auf. O Gott!

Obrist. Ich bleibe hier; so wahr Gott lebt, ich lasse dich nicht, bis das Herz mir bricht! Er stürzt in seine Arme.

Neunter Auftritt.

Vorige. Sophie. Unterofficier Linde. Hernach Oberfalkenmeister aus den Fenstern.

Sophie aus dem Fenster. Ich höre Feuer rufen —

Unterofficier hinter Sophien hervorrufend. Soll ich die alte Trommel rühren, die Nothglocke —

Obrist. Was Trommel — hätten wir aber Kanonen vom schwersten Kaliber, so sollten sie über Thal und Land donnern, daß zwey ehrliche Seelen ihren Bund erneuern. Feuer — noch einmal, komm in meine Arme! Sie umarmen sich.

Oberfalkenmeister aus dem Fenster mit der Lorgnette. Du mein Gott! Brennts bey dem Obristen? So löscht doch! Zu Hülfe! Feuer geschrien —

Obrist. Gehn Sie zum Kukuck!

Oberfalkenmeister erboßt. Meine Hypothek geht zum Kukuck! Löscht denn keine Seele —

Obrist. Es ist ja nichts!
Lonau. Ein Freudenruf!

Oberfalkenmeister. Die Freude schreyt doch nicht Feuer!

Obrist. Machen Sie zu, Herr Baron; Sie löschen sonst unsre Freude ganz aus.

Oberfalkenmeister. Wenn die Hypothek konservirt ist, in Gottes Namen! Also aus purer Freude haben Sie so gebrüllt?

Obrist. Ihre Freude pfeift acht Procent.

Oberfalkenmeister. Bey dergleichen Zustand ist es ein Glück, daß Sie hier keine Nachbarn haben —

Lonau. Daß wir Nachbarn bleiben, ist das größte Glück. — Sie werden bezahlt

Obrist. Nun machen Sie das Fenster zu, treten Sie hinter die Gardine und verwundern Sie sich.

Oberfalkenmeister. So? Macht das Fenster zu.

Obrist zu Unterofficier Linde und Sophie. Fort mit euch!

Unterofficier und Sophie machen das Fenster zu.

Obrist. Sie haben mich in der Stadt überflügelt —

Lonau. Leider!

Obrist. Ich kann den Platz nicht mehr behaupten, ich ergebe mich an dich.

Lonau. Da ist mein Schrankschlüssel —

Obrist. Wozu?

Lonau. Zahle dem Oberfalkenmeister.

Obrist. Ich nehme es an, zahle ehrlich wieder — will aber mit keiner Heirath gequalt seyn.

Lonau. Alles dir überlassen.

Oberfalkenmeister. Zahlen Sie heute noch?

Lonau. In dieser Stunde!

Oberfalkenmeister. So reise ich heute noch.

Obrist. Adieu, Herr Fähndrich!

Oberfalkenmeister. Leihen Sie mir Ihre Pferde?

Obrist. Warum nicht? Sie fahren einen leichten Artikel.

Oberfalkenmeister. Ich will den Tisch leer machen, daß Sie aufzählen können. Macht zu.

Lonau. In dem obersten Fach stehn 1000 Thaler in Silber, 2000 in Banknoten liegen dabey.

Obrist. Halt mir die Kapitulation ehrlich, ich wills auch; das Geld ist honett verwendet — darauf gebe ich mein Wort. Ein unredlicher Mann der, der nicht von mir Zinsen und Kapital wieder annimmt.

Oberfalkenmeister. Sie wissen doch, daß ich die Zinsen pro Tag zu berechnen pflege?

Obrist. Daß die Teufel pro Tag Ihre Hölle heißer machen!

Oberfalkenmeister. Gehn Sie, Sie haben gar kein Christenthum! Macht zu.

Lonau. Du wirst mich bezahlen und ich werde es von dir annehmen.

Obrist. Nun denn endlich! Reibt die Stirn. Zwar geht es nicht, wie ich wollte — aber wir haben honett im Feuer gestanden, und ein ehrenvoller Abzug ist auch Victoria!

Zehnter Auftritt.

Vorige. Kommerzienräthin.

Kommerzienräthin. Victoria! — Warum?

Lonau. Der Feind zieht ab —

Obrist. Die honetten Alliirten schießen auf dem Schlachtfelde Victoria —

Lonau. Die Intriganten sind aufs Haupt geschlagen. —

Obrist. Drum, Herr Bruder, Generalsalve gegeben — Er öffnet die Arme. Feuer!

Lonau umarmt ihn.

Obrist. Nun nennen Sie uns ein Herz, das so nach Ihnen verlangt!

Kommerzienräthin. Wenigstens ist hier keines, wornach ich verlange.

Lonau. Genug. Ihr Herr Oberfalkenmeister wird bezahlt —

Obrist. Der Freund giebt das Geld.

Lonau. Ich zahle, was der Sohn von der gutmüthigen Freundschaft empfangen hat.

Kommerzienräthin. Also sind beide Victorienrufer total geschlagen! Sie und Sie!

{ Obrist. Was? Warum geschlagen?
{ Lonau. Wie meinen Sie das?

Kommerzienräthin. Der stolze Sohn überwindet den schwachen Vater; der stille Einsiedler den hochfahrenden Helden; der Sohn bekommt Geld, was man nie geben wollte; der Großmüthige nimmt endlich an, was er weit weggeworfen hatte.

Obrist. Es ist wahr! das ist bey Gott wahr!

Lonau. Nein! Die Meinungen sind überwunden von der Empfindung.

Kommerzienräthin. Hier Auf Herrn Lonau deutend hat die Empfindung die Vernunft betrogen. Hier Auf den Obristen hat die Macht der gemeinen Gewohnheit den Edelsinn unter die Füße getreten.

Obrist. Das ist ja ein höllisches Corps de Reserve, was der böse Feind mir da in die Flanke schickt.

Kommerzienräthin. Die Vernunft herrscht, die Empfindung dient. Darum sind Sie beide Diener für Jedermann. Für mich, wenn ich wollte; aber ich trete Sie ab, für den Dienst meiner regierenden Schwester.

Obrist. Grundfalsch! Die Frau Schwester soll so in Respekt gehalten werden —

Kommerzienräthin. Sie ändert den Plan, schmeichelt nun, wo sie ehedem drohte, zieht in die Stadt — thut, was sie will.

Obrist. Herr Bruder! das wäre ja —

Lonau. Wie hast du vorhin gesagt? „Wenn ich hier Kommando fühle — dann Feuer, vorwärts — das Ende wallte Gott." Geh, schließ auf, zahle, komm wieder und freue dich in ihrer Gegenwart, dann behauptest du den Wahlplatz!

Kommerzienräthin. Hier unten wird wohl zeitungsmäßig Triumph geblasen, aber oben zucken hernach die alten Wunden und die Reue rüttelt den Sorgenstuhl.

Obrist unmuthig. Reisen Sie doch mit Gott!

Lonau. Mit dem Oberfalkenmeister.

Kommerzienräthin. Apropos vom Oberfalkenmeister. Wann wird er mir ausgeliefert?

Obrist rasch. Gleich. Zum Fenster herunter. Den Augenblick!

Lonau. Gieb mir den Schlüssel. Ich besorge dein Geschäft mit ihm. Er nimmt ihm den Schlüssel. Es ist besser, du kommst nicht mehr mit ihm zusammen. Er geht in das Haus.

Eilfter Auftritt.

Kommerzienräthin. Obrist.

Obrist stampft mit dem Fuße. Hohl der Teufel die Weiber, die Frieden stören!

Kommerzienräthin. Das Stoßgebet aller Männer, die beherrscht werden.

Obrist. Der soll noch geboren werden, der mich beherrscht!

Kommerzienräthin. Er ist schon drey und zwanzig Jahr alt, Ihr Tyrann!

Obrist außer sich. Mein — wer ist das?

Kommerzienräthin. Der Allervernünftigste hier! Hans.

Obrist auffahrend. Was?

Kommerzienräthin. Der wird künftig Sie brav unter Kommando haben.

Obrist wild. Ehe soll mich ja, so wahr —

Kommerzienräthin. Hans ist der Einzige, der Sie in Respekt halten kann.

Obrist. Kommando — Respekt — mich — Hans? der — Junge? Wären Sie eine Mannsperson, so würde ich Ihnen —

Kommerzienräthin. Hans hat den Verstand, den oft die klügsten Leute nicht haben, er läßt die Nebendinge liegen, geht immer gerade auf sein Ziel loß, und vor allen hat er den großen Verstand, Sie, mein wackrer Kriegsheld, nicht einen Augenblick zu fürchten.

Obrist wie einer, der das besser weiß. Das wollen wir sehen. Das werden wir sehen, wie er jetzt nach Sophien fragt, ich ihn zusammen donnere und er sie nicht bekommt.

Kommerzienräthin kalt. Sie geben ihm Sophien.

Obrist heftig. Nein!

Kommerzienräthin lacht. Ja!

Obrist. Nun und nimmermehr.

Kommerzienräthin. Er weiß recht gut, daß ihm das gar nicht fehlen kann.

Obrist geht umher erboßt. Ich bitte Sie, gehen Sie mir aus den Augen.

Kommerzienräthin lebhaft Ey, ich habe es ihm gesagt — daß Sie ihm Sophien durchaus nicht geben wollten.

Obrist steht still. Was hat er geantwortet?

Kommerzienräthin. Ein braver Soldat hielte sein Wort; wenn er Sie gezwungen haben würde, ihn für brav zu halten, so würden Sie es bekennen.

Obrist. Hm! — überzeugt. Gutherzig ist er. Aber — Mit übler Laune. das ist mein Reitknecht auch.

Kommerzienräthin. Da Sie nun die Münze an Ihrem Schwiegersohne höher ausgeprägt verlangen —

Obrist. Ja wohl. Viel höher.

Kommerzienräthin. So sagte ich ihm das, und bewies ihm, daß er gar nicht an Sophien denken dürfe.

Obrist besänftigt. Gar nicht an sie denken. So wars recht!

Kommerzienräthin. Er stutzte. Er dauerte mich. Haben Sie Muth, sprach ich, so entführen Sie das Mädchen.

Obrist erschrocken. Donnerwetter! fort. Gleich nach über Stock und Stein!

Kommerzienräthin. Ruhig! Sie sind beide da, sie sind hier.

Obrist kommt. Entführen? Das ist ja schlecht gedacht! Dafür —

Kommerzienräthin. Mehr, als Sie, interessirt mich mein Neffe und —

Obrist. Sie interessirt nichts —

Kommerzienräthin. Und die Rache!

Obrist. Was hat der Bursche geantwortet?

Kommerzienräthin. Ich bot ihm Unterstützung an, mein Haus —

Obrist heftig. Was hat er geantwortet? Was?

Kommerzienräthin kalt. Er wollte nicht.

Obrist überrascht. Das war — verdrießlich. seine verdammte Schuldigkeit.

Kommerzienräthin. Hat er Ihnen denn das nicht erzählt?

Obrist. Kein Wort.

Kommerzienräthin. Nun! das ist brav, würde ich an Ihrer Stelle sagen. Aber, da er seiner Sache gewiß ist, so nenne ich es nur klug. Und die Klugheit führt weiter als die Frömmigkeit.

Obrist nachdenkend, beunruhigt Die Gewißheit will ich hier schon nehmen. Entschlossen Ich schicke meine Tochter hier weg. Geht lebhaft, projektirend.

Kommerzienräthin kalt. Wohin?

Obrist verlegen. Das weiß ich noch nicht.

Kommerzienräthin lächelt. Der ehrliche alte Ernst hat seine Tochter auch weggeschickt —

Obrist. Wer will sich unterstehen, so von meiner Tochter zu denken?

Kommerzienräthin. Jetzt weint sie viel —

Obrist. Die Lehrjahre —

Kommerzienräthin. O, wenn wir erst Meisterinnen geworden sind —

Obrist. Sie wird aufhören zu weinen.

Kommerzienräthin. Sobald ihr ein anderer gefällt.

Obrist. Sie soll einen andern lieben. Das ist ihr nicht verwehrt.

Kommerzienräthin. Wen?

Obrist. Es wird sich Jemand finden.

Kommerzienräthin. Es werden sich sogar sehr viele finden.

Obrist. Ich suche den Mann aus.

Kommerzienräthin. Wo? Sie bleiben ja hier.

Obrist aufs höchste gebracht. Machen Sie mich nicht rasend!

Kommerzienräthin. Das heißt, wenn ich nicht rasend werden will, muß ich Hans und Sophie verheirathen. Diese Genugthuung am Oberfalkenmeister, meiner Schwester und dem falschen Albert muß mir werden!

Obrist. Was habe ich mit Ihrer Genugthuung und Ihren Ränken zu schaffen? Geht. Stößt auf Hans.

Zwölfter Auftritt.

Hans. Obrist. Kommerzienräthin.

Hans. Herr Obrist, sind Sie noch böse auf mich?

Kommerzienräthin. Bewahre! der Väter zahlt —

Obrist. Kein Wort mehr —
Hans. Gottlob!

Kommerzienräthin. Aber das hilft nichts, du wirst doch verworfen.

Hans. Das muß sich jetzt geben.

Obrist. Geitzhals!

Hans. Darüber werden wir uns schon finden, wenn Sie nur den Bauer zurück nehmen.

Obrist. Ich nehme den Bauer zurück — aber kannst du dich über den Knicker rechtfertigen?

Hans rasch Mit zwey Worten.

Obrist. So sprich sie!
Kommerzienräthin. Geschwind!

Hans. Kleine Pause. Er schüttelt den Kopf. Ich lobe mich nicht selbst.

Kommerzienräthin mit Achselzucken. Mangel an Welt.

Obrist. Hier *auf das Herz.* ist dein Bruder schlecht beschaffen, aber er ist doch liberal.

Hans. Fragen Sie den Bruder, wie ich beschaffen bin.

Obrist *schnell.* Und wenn der deine Filzigkeit bestätigt?

Hans *entschlossen.* Dann will ich alles verloren haben.

Kommerzienräthin. Wenn es ihm nützlich ist, läßt er dich stecken.

Hans. Der Bruder ist eißkalt, aber er lügt nicht.

Obrist. Das glaube ich auch.

Kommerzienräthin. Er lügt nicht, aber er giebt dem Obristen eine andere Ansicht. Wo Unverstand oder Bosheit nicht weiter können, gebraucht man das Wort ganz bequem.

Hans. Sapperment! So fragen Sie ihn nichts und sehen Sie mich an! Spricht da eine Lüge? Hier sind heut wunderliche Dinge vorgegangen. Habe ich jemand aufgehetzt?

Obrist. Nein. Aber —

Hans. Den alten Baron habe ich wohl ausgelacht, aber dem Bruder habe ich keinen tückischen Streich gespielt.

Obrist. Wahr! Aber deine Thaler hast du nicht an das Mädchen wenden wollen. Das ist gemein-schlecht!

Hans ruhig. Fragen Sie Albert.

Obrist. Er taugt nicht. Aber die paar Thaler, die ihm etwa noch übrig bleiben mögen, hat er doch an das Mädchen und mich wenden wollen.

Hans. Fragen Sie Albert.

Kommerzienräthin dreht den Obristen zu sich. Und wenn er nach der Frage gut besteht?

Hans. Ich habe schon gewonnen, Sie wollen nur nicht vom Platze weichen. O ich weiß wohl, ich dürfte nur so machen — Er präsentirt. und zweyerley Tuch tragen, dann ginge alles —

Obrist lacht. Nichts!

Hans. Das thue ich aber nicht. Weil mein ganzer Wille einmal dahin nicht geht, darum thue ich das nicht. Sonst an Courage fehlt es mir nicht.

Obrist. Losschießen kann jeder. Es gehört Sinn dazu und Ehre —

Hans. Es soll sichs einer unterstehen und treten dem Vater in den Weg, Sophien oder Ihnen! Dann sollen Sie wohl gewahr werden, daß ich Ehre habe.

Obrist. Hm! Für seine Haut, sein Mädchen und das Alter greift wohl jeder zu! Aber für das Vaterland und den Regenten —

Hans. Nun, wenns mit denen so weit gekommen wäre, daß sie sich nach mir umsehen müßten, würde ich mich auch nicht erst rufen lassen.

Aber vorher thue ich hier meine Schuldigkeit und habe sie heut gethan, daß an mir nichts auszusetzen ist, das weiß ich. Trage ich keine Degenquaste an der Seite, so habe ich Hausehre auf der Stirne. Wo die nicht ist, da langt der Degen auch nicht weit. — Nun kurz und gut, ich stelle mich Ihnen unter die Augen und fordre, daß Sie mir sagen, ob ich das rechte Maaß für Ihr ehrliches Herz habe.

Obrist verlegen, bewegt, ermannt sich. Ich frage den Bruder. Geht.

Hans mit einem Sprung. Ich hole Sophien.

Obrist bleibt stehen. Holla!

Hans eben so. He?

Obrist. Wozu das?

Hans. Sie sind geschlagen!

Obrist droht ihm. Kerl!

Hans. Nur zu! Mit dem Bauer ists vorbey.

Obrist. Du spielst groß Spiel!

Hans. Mit einem Ehrenmanne!

Obrist. Zur Sache! Ins Haus.

Hans. Zur Braut! Zu Sophien.

Kommerzienräthin nach kurzer Pause. Zur Rache! Sie will Hans folgen.

Dreyzehnter Auftritt.

Kommerzienräthin. Herr Lonau.

Lonau fröhlich, geschäftig und sehr gutmüthig. Der Oberfalkenmeister ist abgefertigt —

Kommerzienräthin schnell zu ihm. Der Obrist für Hans fast gewonnen.

Lonau in freudigem Erstaunen. So siegt die gute Sache!

Kommerzienräthin überlegen. So bändigt die Intrigue. Es lebe die Intrigue.

Lonau aufwallend Hier herrscht keine.

Kommerzienräthin bedeutend. Mehr als Sie wissen.

Lonau ihre Rede hindernd Ich bin zufrieden — das weiß ich und damit genügt mir.

Kommerzienräthin. Ein Wort und Sie sind nicht mehr zufrieden. Nie mehr.

Lonau. So sprechen Sie es nie.

Kommerzienräthin. Es giebt hier Geheimnisse —

Lonau. Ich will sie nicht erforschen.

Kommerzienräthin. Was denken Sie von der Nachgiebigkeit meiner Schwester?

Lonau. Sie macht meine Frau liebenswürdig — das ist mir genug und ich bin dafür dankbar.

Kommerzienräthin. Ist so eine armselige Täuschung Weisheit?

Lonau. Wer Frieden und Freuden mir nehmen will, meint der es gut?

Kommerzienräthin. Von der angenommenen Griechischen Tracht an —

Lonau. Wenn ich nur nicht Griechisch gekleidet gehen soll, meine Frau will ich nicht geniren.

Kommerzienräthin. In die Stadt lassen Sie sie nie reisen, oder Sie sind verloren!

Vierzehnter Auftritt.

Vorige. Madam Lonau in der Tracht des ersten Aufzuges.

Madam Lonau. Vorhin hat der Oberfalkenmeister den Albert angeredet mit ihm zu reisen. —

Kommerzienräthin erstaunt Was?

Lonau. Sey mir willkommen, liebe Jette, in der Tracht der fleißigen Hausfrau! Er umarmt sie. Nimm meinetwegen wieder das Poltern an, das ich in der Kleidung gewohnt bin, nur vernünftele nicht so krank, wie du in der andern Tracht gethan hast.

Kommerzienräthin. Danken Sie ihr doch, daß sie Ihnen noch einen neuen Zügel anlegt, Sie zu führen und zu beherrschen.

Lonau. Dem Frohsinn und der Verträglichkeit gebe ich mich hin, die beherrschen mich auf ewig!

Madam Lonau zur Kommerzienräthin. Albert wird zu dem Herrn Oberfalkenmeister ins Haus ziehen!

Kommerzienräthin erstarrt. Was?

Madam Lonau. O, ich kann auch Dinge führen!

Funfzehnter Auftritt.

Vorige. Oberfalkenmeister.

Oberfalkenmeister hat einen Thaler in der Hand, den er mit einer Lorgnette besieht. In dem einen Beutel, bester Herr Lonau, befindet sich wahr und wahrhaftig dieser Konventionsthaler, den eine schlechte Denkungsart fälschlich verfaßt hat.

Lonau nimmt ihn. Tauschen wir ihn um.

Kommerzienräthin auf ihn zu. Sie reisen mit Albert?

Oberfalkenmeister tödtlich erschrocken. Herr Gott — sind Sie hier?

Kommerzienräthin streng. Was wollen Sie mit ihm unternehmen?

Oberfalkenmeister freundlich, ängstlich. Nichts!

Madam Lonau. Geschäfte, sagten Sie ja!

Kommerzienräthin gebieterisch. Was hat Ihnen der Mensch weiß gemacht?

Madam Lonau. Er kann dem Herrn Baron nützlicher seyn als du.

Kommerzienräthin heftig. Jetzt sind Sie ruinirt, verrathen, verkauft, verloren.

Oberfalkenmeister zu Herrn Lonau. Nun geht es los!

Kommerzienräthin. Ich lasse Sie persifliren —

Madam Lonau. Darüber ist man schon hinaus.

Kommerzienräth. Ihre Hoflieferungen —

Oberfalkenmeister. Pst! Nichts von Geschäften —

Kommerzienräthin. Ich denuncire Sie der Herzogin —

Oberfalkenmeister. Du mein Gott —

Kommerzienräthin. Ich weiß Mittel, diese mit ihrem Gemahl wieder vereinigen zu lassen.

Oberfalkenmeister. Um Gottes Willen nicht!

Kommerzienräthin befehlend. So lassen Sie den Gedanken mit Albert fallen.

Oberfalkenmeister. Ich werfe ihn weg.

Kommerzienräthin. Desavouiren Sie ihn —

Oberfalkenmeister. Ich habe ihn in meinem Leben nicht gesehen.

Madam Lonau. Wie? So lassen Sie sich schrecken?

Lonau. Das freut mich für Albert.

Kommerzienräthin. Ich fahre mit Ihnen zurück.

Oberfalkenmeister. Ja ja!

Kommerzienräthin. In Ihrem Wagen — Sechs Postpferde lassen Sie bestellen.

Oberfalkenmeister innerlich beängstet. Das Postgeld ist erhöht!

Kommerzienräthin. Keine Widerrede! Sie sind in meiner Hand —

Oberfalkenmeister. Das kommt mir so vor. Nur lassen Sie mich auf der Retour etwas schlummern, denn —

Kommerzienräthin verächtlich. Den ewigen Schlaf.

Oberfalkenmeister. Gott sey mir gnädig!

Kommerzienräthin. Vor der Hand will ich es seyn. Ich vergebe Ihnen das Komplott gegen mich.

Oberfalkenmeister. Ich bedanke mich. zu Herrn Lonau. Eigentlich weiß ich nicht, was ich gethan habe.

Kommerzienräthin schnell. Das wissen Sie niemals.

Oberfalkenmeister betäubt. Es — es kann seyn.

Madam Lonau die bey jeder Rede einfallen wollte und nicht zum Worte gelassen ward. Wie? So lassen Sie sich tyrannisiren?

Kommerzienräthin. Du redest in meiner Gegenwart kein Wort!

Lonau. Sondern gehst, um mit mir zu reden. Deine Schwester hört sich gern, dazu sind wir nicht nöthig. Will sie wegführen.

Madam Lonau. Nicht reden? Sie will zurück gehen. Ich nicht reden? Ich will reden! Ich will dir Dinge sagen —

Kommerzienräthin tritt vor sie hin. Ernst!

Madam Lonau etwas verlegen.

Lonau tritt in beider Mitte. Was ist mit Ernst?

Oberfalkenmeister zwischen Kommerzienräthin und Herrn Lonau. Spaß — Lauter Spaß! Die Frau Räthin haben schon eine Force im Reden, an Ihnen zu Madam Lonau. will ich auch nicht zweifeln. Wenn sich die beiden Damen loslassen, müßten wir beide zu Grunde gehen, bester Herr Lonau!

Sechszehnter Auftritt.

Vorige. Obrist, Albert an der Hand.

Obrist. Hans! Heda — Hans! Sophie — Linde! herbey! Zu Herrn Lonau, den er umarmt. Es ist Hans, der mich ranzioniren wollte! Ruft. Hans!

Hans im Fenster. Sind Sie geschlagen?

Obrist. Wo ist Sophie?

Hans zieht sie ans Fenster In meinen Armen.

Sophie. Lieber Vater —

Obrist. Küßt euch, liebt euch, heirathet euch, packt euch herunter, denn meine Füße kommen dem Herzen nicht nach!

Hans küßt Sophien und stürzt mit ihr vom Fenster weg.

Lonau. Und meine Worte können das Herz nicht aussprechen.

Madam Lonau. Von ganzem Herzen Dank! Umarmen ihn.

Obrist hält beide umschlungen. Feuer, Feuer! Von Herz zu Herzen, Feuer!

Unterofficier. Vivat! Er schwenkt den Hut aus dem Fenster und geht zurück.

Hans und Sophie umarmen den Obristen.

Hans. Nun, habe ichs nicht gesagt? giebt ihm den Handschlag.

Obrist zu Herrn Lonau. Nun ist alles dein; bleibe ich keinem schuldig, so darf ich auch dem Hans nicht schuldig bleiben. Er umarmt ihn. Aber der erste Sohn wird Soldat.

Hans. Wenn er Lust hat!

Kommerzienräthin. Mein Werk ist das, Herr, Albert!

Albert. Nicht Ihr schlechtestes!

Lonau. Wir sind glücklich und mein Ernst ist nicht dabey!

Kommerzienräthin. Kann nicht dabey seyn!

Obrist. Muß dabey seyn. Oben ist er bey mir — voran Albert — ein Wort aus dem Herzen. Wir gehen alle zu ihm — alle, alle! Es muß kein Geheimniß mehr hier zu Hause seyn. Der Augenblick des Glücks ist der Augenblick der Vergebung. Voran du — wir folgen.

Albert, der indeß nachsann. Ich werde ihm schreiben. Er geht ins Haus.

Obrist. Unnützes Volk, das schreibt, wo es handeln sollte. — Er nimmt Madam Lonau und Herrn Lonau; zu ihm. Mehr Autorität. Zu ihr. Mehr Freundlichkeit. Zu ihm. Offnes Herz. Zu ihr. Offne Speisekammer — keine Griechische Montirung, und Vertrauen eins zu dem andern — so mag da drunten die Welt rumoren, hier oben ist Friede! Vorwärts, Marsch! — Wer maroden Herzens ist, bleibt zurück. Sie gehen.

Oberfalkenmeister zupft Herrn Lonau. Ich bekomme noch einen gerechten Konventionsthaler von Ihnen.

Lonau. Da ist mein Beutel, suchen Sie den besten heraus! Fort! Gehen.

Oberfalkenmeister wühlt darin. Nicht mehr, als mir zukommt.

Madam Lonau. Nun triumphire hier unten allein.

Unterofficier schießt aus dem Fenster eine Flinte los. Vivat!

Oberfalkenmeister fällt mit dem Beutel zu Boden und schreit.

Hinter der Scene.

Obrist. Recht so, Linde! Feuer!

Oberfalkenmeister. Ach Herr Gott!

Die Andern hinter der Scene. Vivat!

Obrist. Feuer! Die Trommel gerührt und Feuer!

Kommerzienräthin. Was wollen Sie? Sind Sie von Sinnen?

Oberfalkenmeister. Gott sey mir gnädig, sie schießen nach mir. —

Kommerzienräthin. Stehen Sie auf!

Oberfalkenmeister. Dann werde ich noch eher getroffen.

Kommerzienräthin. Einfältiges Freudenfeuer! Weiter nichts!

Oberfalkenmeister. So? Steht auf.

Kommerzienräthin. Weiter nichts!

Oberfalkenmeister. Die haben hier verdammte Freudensmaniren. Entweder brüllen sie Feuer — oder sie schießen den Leuten auf die Köpfe.

Kommerzienräthin. Jetzt gehen Sie mit hinauf.

Oberfalkenmeister. Ich bin marode—

Kommerzienräthin. Das waren Sie schon in der Geburt! Wir müssen hinauf — hier bleibe ich nicht, und zu Albert sollen Sie nicht! Gehen Sie voraus —

Oberfalkenmeister voraus. Da oben werden wohl gar Präsente gemacht!

Kommerzienräthin. Zeigen Sie sich mit éclat — geben Sie Sophien Ihren Ring.

Oberfalkenmeister. Ich kann nicht von der Stelle! Setzt sich. Bey Gott!

Jetzt sind die andern am Berge sichtbar.

Siebzehnter Auftritt.

Vorige. Ernst.

Ernst ihnen entgegen. Mein Herr — mein lieber, guter Herr!

Lonau läuft ihm entgegen. Mein ehrlicher Freund warst du immer, armer Mann, sey nun — mein Bruder! Umarmt ihn.

Obrist. So recht!
Hans. Es wird alles gut —
Sophie. Ehrlicher Freund!
Madam Lonau. Ich will alles thun!

Unterofficier inwendig. Vivat! Er trommelt den Generalmarsch. Vivat!

Oberfalkenmeister Springt auf und eilt nach. Herr Gott, nun schießt der wieder.

Kommerzienräthin sieht hinauf und tritt heftig auf den Boden. Nun sind sie aus meiner Hand. Sieht nach Lonaus Hause. Mit diesem kann ich sie noch quälen. Geht hinein.

Scheinverdienst.

Ein Schauspiel in fünf Aufzügen.

Personen.

Geheime Secretär Seefeld.

Madam Seefeld, dessen Frau.

Christian,
Rath Ludwig,
Heinrich,
Sophie, } ihre Kinder.

Wittwe Schmidt.

Kanzellist Schmidt, ihr Sohn.

Staabschirurgus Rechtler.

Henriette,
Johann, } im Seefeldschen Hause.

Erster Aufzug.

Bey dem geheimen Secretär Seefeld. Ein mit Geschmack möblirtes Zimmer.

Erster Auftritt.

Johann läßt einige große Verschläge durch das Zimmer in ein Seitenzimmer tragen. Henriette kommt herein, als die Träger wieder abgegangen sind.

Henriette.

Johann!

Johann. Mamsell Henriette!

Henriette. Was sind das für Verschläge, die Er da hinein tragen läßt?

Johann. Die Verschläge? Ja, die kommen weit her.

Henriette. Nun?

Johann. Die kommen aus Italien.

Henriette. Von unserm jungen Herrn?

Johann. Freylich. Er kommt heute selbst noch an.

Henriette. Das freut mich. Was ist er denn für eine Art Mensch?

Johann. Ja, ich weiß wohl, was er für eine Art Mensch war, als er auf Reisen ging: aber wie er jetzt seyn mag — wer kann das wissen?

Henriette. Nun, wie war er denn damals?

Johann. Gut, gut!

Henriette. So? — Hm! man kann gut, und doch recht fatal seyn.

Johann. Nein, er war angenehm. Er — er — wie soll ich ihn so beschreiben? — Ja, zum Exempel, er studirte viel, er —

Henriette. So?

Johann. Er sprach viel — er trank gern Punsch, er ritt viel aus — er putzte sich gern.

Henriette. Also ein artiger Herr?

Johann. Er tanzte gern —

Henriette. Ach der liebe Mensch!

Johann. Er war spendabel.

Henriette. O, er ist gewiß gut.

Johann. Er machte Verse.

Henriette. So recht traurige?

Johann. Potz! die Mama hat allemal geweint, wenn sie vorgelesen wurden.

Henriette. Ach, wenn er nur schon da wäre!

Johann. Mit Einem Worte, es war ein guter Mensch, der älteste Herr Seefeld.

Henriette. Um Mittag kommt er?

Johann. Ja.

Henriette. Ach, wie freue ich mich!

Johann. So? ich nicht.

Henriette. Was?

Johann. Mein Seele nicht. Denn sehe Sie nur einmal die Verschläge an, die da gekommen sind.

Henriette. Nun? darum?

Johann. Darum ist er nichts mehr nütz. Für uns heißt das.

Henriette. Das begreife ich nicht.

Johann. Ja, man muß auch politisch seyn, man muß die Welt kennen. Jetzt überlege Sie nur die Sache. Aus Italien kommt er!

Henriette. Nun ja!

Johann. Mit all den Kasten da!

Henriette. Nun ja denn.

Johann. Sind Sachen von Werth darin, so hat er sparen gelernt — und hat er sparen gelernt — was nützt er dann uns? — Sind Sachen ohne Werth darin, so hat er alles verthan — und hat er alles verthan — so frage ich wieder — was nützt er uns? Nichts! Mit Einem Worte: seit die Kasten ins Haus gekommen sind, sage ich, er taugt nichts.

Henriette. Ach mit Seinen Kasten — Ist er denn blond?

Johann. Ja.

Henriette. Scharmant!

Johann. Hm! — ist auch schon eine Weile her, daß er blond ist.

Henriette. Vielleicht sind Lieder, Schriften und Verse in all den Kasten. Wo Verse sind, ist ein gutes Herz, und wo das ist — —

Johann. Falsch, falsch! Wo solche Kasten voll Verse sind — ist ein leerer Beutel — eine uneingeheitzte Stube im Winter, und klar Wasser im Sommer. Mit Einem Worte — die Kasten haben mich zur Desperation gebracht. Der Dienst hier im Hause wird ohnehin täglich schlechter.

Henriette. Das ist nun wohl wahr.

Johann. Ein knickeriger Herr —

Henriette. Ja wohl!

Johann. Eine verdrießliche Frau — gut Essen und Trinken, aber sonst nichts, als der klapperharte Lohn. Ein Herr Sohn schickt zweydeutige Kisten aus Italien; der Andere hat schöne Fracks und leere Taschen; die Tochter eine Liebschaft mit der Armuth. Kein Brieschen, kein Aufpassen trägt etwas ein.

Henriette. Das ist wahr, aber sie sind doch so schön unglücklich, die beiden Verliebten.

Johann. Das ist was Schönes!

Henriette. Sie sind so allerliebst traurig. Das geht einem zu Herzen.

Johann. Ja wenn's ein vornehmer Traueriger wäre, sapperment! Ich war mit einem jungen Grafen auf der Universität, der mußte denn auch über ein Paar blaue Augen heimlich weinen, da habe ich mir die Augen manchmal mit gerieben — Sapperment! der hat mir für jede Thräne seinen Thaler vor die Füße geworfen — Ja dann geht es an! Aber der Liebhaber? ein trauriger Kanzellist — Was kommt da heraus?

Henriette. Nun freylich. Aber das Geheimniß! Nehme Er einmal an, Herr Johann, das Geheimniß zu haben; so was ist doch herrlich.

Johann. Hm! — Sie ist ein hübsch Mädchen. Aber zur Frau möcht' ich Sie schon nicht, denn Sie nimmt Geheimnisse und Thränen für Einnahme.

Henriette. Verrathe Er nur die guten Leute nicht.

Johann. Den Kanzellisten und die Mamsell? Verrathen? — Hm! — Es giebt mir auch niemand was, wenn ich sie verrathe. So mögen sie zusammen in der Heimlichkeit fort heulen.

Zweyter Auftritt.

Vorige. Herr Seefeld mit einem Frachtbriefe in der Hand.

Seefeld. Sind die Verschläge da hinein gebracht?

Johann. Zu dienen.

Seefeld geht hinein.

Johann. Der älteste Herr Sohn aus Italien taugt gar nichts.

Henriette. Aber —

Johann. Da ist ein Frachtbrief mitgekommen — das ist Ordnung. O weh! Ich sehe ihn schon im Geiste. Der hat starke Ecken auf der Stirne, zwey Guckgläser, läßt gern Röcke wenden, und ungern Geld wechseln — o weh! Da will ich mir doch den Ludwig loben, so mager es auch nach gerade bey ihm aussieht. Folgt Herrn Seefeld.

Dritter Auftritt.

Henriette. Sophie.

Sophie. Liebe Henriette — er kommt — er ist auf der Treppe — er muß den Papa sprechen, er ist hierher gewiesen. Nur einen Augenblick will ich mit ihm reden. Gieb Acht — und wenn Mama kommt — so —

Henriette. Verlassen Sie Sich auf mich, Mamsell. — Geht, indem tritt ein

Vierter Auftritt.

Kanzellist Schmidt. Sophie. Hernach Henriette.

Schmidt. Ihr Herr Vater —

Sophie. Er ist hier neben an.

Schmidt. Sophie — lassen Sie mich mit Liebe und Ehrfurcht Ihre Hand küssen. Nun werde ich Sie wohl heute nicht mehr sehen! — O Sophie!

Sophie. Lieber Schmidt, seit gestern sind wir viel unglücklicher!

Schmidt. Mein Gott!

Sophie. Die Mama spricht so versteckt, und thut so geheim, daß ich fürchte —

Schmidt. Eine Heirath —

Sophie. Es scheint so.

Schmidt. O mein Gott! Bey aller Anstrengung, Last, Sorge und Mühe — erhielt mich die Hoffnung aufrecht. Was kann ich sagen? Fast jedermann kann Sie glücklicher machen als ich — aber niemand kann Sie mehr lieben. O, das Schicksal ist so ungerecht!

Henriette. Die Mama kommt.

Schmidt verlegen. So muß ich —

Sophie. Bleiben Sie! erwarten Sie meinen Vater.

Schmidt. Aber —

Sophie. Wir lieben uns — Ist das ein Vergehen?

Schmidt. Aber das Geheimniß —

Sophie. Ach!

Schmidt. Und Ihre traurige Vermuthung! Sophie! Liebe und Armuth scheinen jedem ein Vergehen.

Fünfter Auftritt.

Vorige. Madam Seefeld.

Madam Seefeld. Was machst du hier?

Sophie. Ich — ich kam, um —

Madam Seefeld. Nun?

Sophie. Ich kam ohne alle Ursache, Mama!

Madam Seefeld zu Henrietten. Und Sie? Sie steht auch da wie ohne Ursache.

Henriette. Ich habe die Verschläge herein bringen sehen, Madam!

Madam Seefeld. Guten Morgen, Herr Kanzellist!

Schmidt. Ich mochte Ihre Fragen nicht stören.

Madam Seefeld. Haben Sie meinen Mann schon gesprochen?

Schmidt. Ich erwarte ihn.

Madam Seefeld zu Henrietten. Rufe Sie ihn doch.

Henriette geht ab.

Madam Seefeld. Da haben Sie ja wieder einen Stoß Arbeit.

Schmidt. Wirklich mußte ich die Nacht dazu verwenden.

Madam Seefeld. Die Nacht? Ja, das ist schon übel. Aber das greift doch den Kopf nicht an, es ist nur abgeschrieben.

Schmidt. Freylich wohl.

Madam Seefeld. Aber wer es concipiren muß, dem kostet es Kopfbrechen. Ja mein Mann hat einen fähigen Kopf!

Schmidt. Und ein vortreffliches Herz.

Madam Seefeld. Ey ja! er ist so übel nicht. — Da klagen die jungen Leute über das Abschreiben; aber an die, die es verfertigen müssen, denken sie nicht.

Schmidt. Ach Madam — ich klage über nichts, als daß ich nur abschreiben kann.

Madam Seefeld. Wie so?

Schmidt. Wenn ich so etwas selbst schaffen könnte!

Madam Seefeld. Ja freylich!

Schmidt. Dann dürfte ich im Gebiete der Möglichkeit umhersehen — dann dürfte ich manche Hoffnung haben. Aber so — weiß ich jetzt in der Blüthe von Jahren und Erwartungen — „weiter „kann ich nicht, als ich bin" — O das ist hart!

Madam Seefeld. Sie sprechen ganz hübsch.

Schmidt. Die Wahrheit des Gefühls giebt manchmal den Worten Kraft.

Madam Seefeld. Warum kommen Sie nicht weiter?

Schmidt. Ich habe nicht studirt.

Madam Seefeld. Kein Genie?

Schmidt. Man sagte — ich hätte — Aber meine Mutter war damals, als ich auf die Universität hätte gehen sollen, sehr kränklich; alles was ich aufbringen konnte, gehörte ihr.

Sophie. War das nicht schön, Mama?

Madam Seefeld. Ja, allerdings! — Aber das hätte Sie nicht abhalten sollen: denn eine Frau von so einem Stande, was braucht die?

Schmidt. Eine kranke Mutter bedarf alles, was der Sohn hat und ist.

Madam Seefeld. Nicht wahr, Ihr verstorbener Vater war Bauverwalter?

Schmidt. Bauverwalter.

Madam Seefeld. Ja, ich erinnere mich — Haben Sie meinen Christian gekannt?

Schmidt. Ja, Madam.

Madam Seefeld. Er kommt heut aus Italien wieder.

Schmidt. Ich wünsche Ihnen Glück. Er muß ein hoffnungsvoller Mann geworden seyn.

Madam Seefeld. Nun — hoffnungsvoll war er, als er ging. Jetzt kommt er wieder, und hat die Hoffnungen erfüllt, Herr Schmidt.

Schmidt. Ich zweifle keinesweges.

Madam Seefeld. Es ließe Ihnen auch nicht gut, junger Mann. — So einen Kopf, wie meinen Christian, per „hoffnungsvoll" zu taxiren.

Schmidt. O Madam, ich war nicht im Stande —

Madam Seefeld lächelnd. Ja, das möchte wohl der Fall seyn. So einen Kopf zu übersehen, ist nicht jedermanns Sache. Erhitzt Gerade darum ging er vor drey Jahren wieder hier weg, weil unsere lieben Stadtkinder ihn in die ordinäre Rahme spannen wollten, die für ihre Begriffe das allerhöchste seyn mag.

Schmidt. Ich bin weit entfernt —

Madam Seefeld mit Feuer. Mein Christian ist denkender Kopf und Künstler. Mit Kunstgeist beseelt, faßt er jeden Gegenstand auf, der ihm vorkommt.

Schmidt. So ist er nicht glücklich.

Madam Seefeld. Warum nicht glücklich?

Schmidt. Weil ich denke, daß die wenigsten Leute in der Welt für dieß Verdienst Sinn haben.

Madam Seefeld. O, er wird leben können, mein Christian, wenn auch keine hiesige Kasse sein Verdienst lohnt —

Schmidt. Das glaube ich gern —

Madam Seefeld hertig. Oder lohnen kann! Er wird weder sein Talent aufdringen, noch auch den Tagewerkern ihren sauern Bissen aus dem Munde haschen, die ihn angrinzen ohne ihn zu fassen, meinen Christian.

Sechster Auftritt.

Vorige. Herr Seefeld.

Seefeld. Ah, Herr Schmidt!

Schmidt überreicht die Arbeit.

Seefeld. Schon ganz fertig? — Ich danke Ihnen. Sie liefern doch immer vor dem Termine ab.

Schmidt. Ihre Zufriedenheit —

Seefeld schlägt ihn auf die Schulter. Die haben Sie.

Schmidt. Rührt mich und erfreut mich.

Seefeld. Sie haben Talent. Wenn ich Sie nur weiter bringen könnte, als zum Buchstaben nachmahlen. Aber — aber Sie haben nicht studirt, und das Vorurtheil —

Schmidt. Wenn so ein Mann glaubt, daß das Vorurtheil mir zu viel thut, so bin ich und fühle mich schon sehr erhoben.

Seefeld. Ich kann Ihnen nicht sagen, wie leid es mir thut, daß Ihre Mutter den Prozeß um den Garten verloren hat.

Schmidt. Der kleine Winkel Land war freylich unsere einzige Freude auf der Welt.

Seefeld. Und daß gerade mein Sohn Referent in der Sache seyn mußte!

Madam Seefeld. Der oder ein anderer.

Seefeld. Wollen Sie nicht appelliren?

Schmidt. Nein. Der beste Prozeß ist ein Loos in der Lotterie.

Seefeld. Ihr Fleiß erwerbe Ihnen dann auf einer andern Seite Hoffnung und Freude.

Schmidt verbeugt sich und geht ab.

Siebenter Auftritt.

Vorige ohne Schmidt.

Seefeld. Ein braver Mann!

Madam Seefeld. Er dünkt sich etwas.

Seefeld. Das darf der, der brav ist.

Madam Seefeld. Ist das ein Wesen um einen braven Kopisten!

Seefeld. Ist das ein Aufheben um — um —

Madam Seefeld. Um?

Seefeld. Das, was wir — Geduld! ich verschieße kein Pulver ohne Noth.

Madam Seefeld. Pulver? verschießen? ey ey! Willst du Batterien anlegen?

Seefeld. Ich will — — dir nicht sagen, was ich will.

Madam Seefeld. Etwa weil —

Seefeld. — Der keinen Willen mehr hat, der ihn gesagt hat.

Madam Seefeld. Der muß sehr furchtsam seyn, der —

Seefeld. Wie viel Uhr ist es?

Madam Seefeld. Und es zeigt eine Art Mißtrauen an —

Seefeld. Du wirst doch eine Art guter Tafel heute geben, da der Christian kommt?

Madam Seefeld. Du verweisest mich in die Küche?

Seefeld. In das Reich, wo ich dir gehorchen muß.

Madam Seefeld. O wenn meine Ideen immer befolgt wären!

Seefeld. Was für Wein willst du auf dem Tische haben?

Madam Seefeld. — Wermuthwein, daß ich deinem Herzen Bescheid thun kann. Komm Sophie! geht.

Seefeld. Bleib, Sophie!

Sophie geht, da ihre Mutter ruft, steht wieder, da ihr Vater ruft.

Madam Seefeld dicht vor ihrem Manne. Wem soll sie jetzt gehorchen? Gespannt. Ich frage.

Seefeld sieht sie an, besinnt sich etwas. Dir, denn du hast sie zuerst gerufen.

Madam Seefeld. Geh Sophie!

Sophie geht ab.

Madam Seefeld. Sey so gut und sag mir, was hast du?

Seefeld. Mancherley.

Madam Seefeld. So rede!

Seefeld. Es ist noch nicht Zeit.

Madam Seefeld. Wann ist es Zeit?

Seefeld. Wenn alle Ideen ihre Reife haben.

Madam Seefeld. Alle Ideen? Man sollte glauben —

Seefeld. Ideen habe ich.

Madam Seefeld. Wen betreffen sie?

Seefeld. Die nicht, die mich nichts angehen.

Madam Seefeld. So betreffen sie mich?

Seefeld geht auf und ab.

Madam Seefeld. So bitte ich dich, rede!

Seefeld. Man muß sich sehr hüten, eine Uebereilung zu begehen.

Madam Seefeld. Ist das alles?

Seefeld. Besonders in meinen Jahren, wo man nicht mehr Zeit und Kraft hat, eine Uebereilung gut zu machen. Geht.

Madam Seefeld. Das ist alles?

Seefeld. Alles. Und wenn ich es so ausführe, so ist es viel. Geht in die Mitte ab.

Madam Seefeld. Was will der Mann?

Achter Auftritt.

Madam Seefeld. Heinrich kommt von der Seite.

Heinrich. Mama, ich kann's nicht mehr aushalten.

Madam Seefeld. Was?

Heinrich. Das ewige Sitzen und Lernen und Kopfbrechen. Den ganzen Morgen sitze ich über dem Griechischen Buche, daß mir von den Hühnerpfoten, die so auf dem Papiere da stehen, die Augen übergehen, und der Kopf schwindelt; und doch kann ich Ihnen auf meine Ehre betheuern, ich weiß nichts von allem, worauf ich gesehen habe.

Madam Seefeld. Elender Mensch!

Heinrich. Elend? Elend bin ich wahrhaftig nicht. Ich sage die Wahrheit. Wenn ich

Ihnen und dem Papa das Geld aus dem Sacke stahle, so wäre ich elend. Ich bin wahrhaftig ein guter Kerl, aber studieren muß ich nicht.

Madam Seefeld. Du mußt studieren, du sollst studieren, dafür bist du da.

Heinrich. Lernen, ja, dafür bin ich da. Was Sie wollen. Aber studieren nicht. Das will mir gar nicht aussehen, als ob ich dafür da wäre.

Madam Seefeld. Alle meine Kinder haben Genie, und du hast Genie, und willst es verbergen; aber du sollst Genie haben, sage ich dir, oder ich will deine Talente gewaltsam entwickeln.

Heinrich. „Lust und Liebe zum Dinge macht alle Mühe und Arbeit geringe," sagt das Sprichwort. Ich habe aber weder Lust noch Liebe zu dem Dinge — was kann nun da heraus kommen?

Madam Seefeld. Und wozu hättest du denn Lust und Liebe?

Heinrich. Ja — was rathen Sie mir?

Madam Seefeld im höchsten Zorn. Schneider zu werden. Geht.

Heinrich, da sie an der Thüre ist. Mama!

Madam Seefeld kehrt um.

Heinrich. Schneider will ich nicht werden.

Madam Seefeld. Du bringst mich unter die Erde.

Heinrich. Sie machen mich unglücklich.

Madam Seefeld. Ungerathner Bursche, der meine Liebe und Sorge nicht einsieht, der nicht höher will —

Heinrich. Wenn ich zu hoch gehe und kann mich nicht halten, so falle ich herunter.

Madam Seefeld. Deine Brüder, die sind —

Heinrich. Ja ja, eben meine Brüder.

Madam Seefeld. Nun?

Heinrich. Die verleiden mir das Studieren.

Madam Seefeld. Was ist das?

Heinrich. Der Christian reiset in der Welt herum und ist nichts. Der Ludwig hat einen Rathstitel und keine Besoldung —

Madam Seefeld. Weil die Reihe noch nicht an ihm ist.

Heinrich. Wenn sie einmal an ihm ist, ist er ein alter Mann.

Madam Seefeld. Wer hat dir das gesagt?

Heinrich. Ey, ich selbst.

Madam Seefeld. Eins für allemal, ich leide keine Herabsetzung meiner Familie. Du hast einen fähigen Kopf, den sollst du brauchen — und studieren.

Heinrich. Mama, ich bitte Sie —

Madam Seefeld. Fort an deine Arbeit! Sey fleißig, und komm' mir nie wieder mit dergleichen Propositionen. Ich will mit deinen Lehrern sprechen. Ich will dich examiniren lassen; du sollst mehr Stunden haben.

Heinrich. Ich habe ja nur zwey Stunden frey.

Madam Seefeld. Du sollst keine frey haben.

Heinrich. Sie sind ja bis acht Uhr Abends alle besetzt.

Madam Seefeld. Sie sollen bis zehn Uhr besetzt werden.

Heinrich. Mama, das thut wahrhaftig kein gut, ich sage es Ihnen. Geht ab.

Madam Seefeld. Das wollen wir sehen. — Hat man nicht Mühe und Sorge mit den Kindern!

Neunter Auftritt.

Madam Seefeld. Ludwig.

Ludwig küßt ihr die Hand. Guten Morgen, Mama!

Madam Seefeld. Den habe ich nicht. Der Heinrich — ach der Junge macht mir das Leben sauer. Er will nicht studieren, er will was anders werden.

Ludwig. Je nun —

Madam Seefeld. Nein, Sohn, nimm das nicht so leicht; ich bestehe darauf, er soll und muß studieren.

Ludwig. Nun ja, so muß er es auch. — Hier habe ich einige Rechnungen, die nicht länger warten können. Wollen Sie die Güte haben, in einer gelegenen Stunde sie dem Papa zu geben?

Madam Seefeld durchsieht sie. Hundert zwanzig Thaler? Hm! das ist doch viel. Du hast doch alles frey, alles. Dazu monatlich drey Louis-d'or von uns.

Ludwig. Freylich wohl! Aber nehmen Sie nur, daß ich doch manches thun muß, was mein Stand erfordert. Daß ich immer noch ohne Besoldung diene, davon nimmt die Welt, mit der ich leben muß, keine Notiz. Lebe ich anders, ziehe ich mich zurück; so werde ich nicht bemerkt, und endlich vergessen.

Madam Seefeld. Ich will sehen, daß ich deinen Vater disponire — aber nimm dich doch in Acht mit deinen Ausgaben.

Ludwig. Ich thue wahrlich nichts, was nicht unmittelbar der Wohlstand erfordert.

Madam Seefeld. Nun du wirst doch auch endlich einmal 'n Besoldung rücken!

Ludwig. Ich hoffe es. Zeit wäre es. Adieu, Mama!

Madam Seefeld. Wo gehst du hin?

Ludwig. In die Session.

Madam Seefeld. Adieu, mein Sohn! Nun erwirb dir nur Ehre, darum bitte ich dich.

Ludwig. Sorgen Sie nicht. Geht.

Madam Seefeld. Ludwig — ich habe die besten Hoffnungen für dich bey der reichen Holländerin.

Ludwig. Haben Sie? Es ist ein herrliches Mädchen. O, wenn das glückt, so mag die Besoldung ausbleiben. Geht ab.

Madam Seefeld. Hundert zwanzig Thaler! Es ist viel Geld — Ich muß alles aufbieten, diese vortheilhafte Heirath für ihn zu schließen.

Zehnter Auftritt.

Herr Seefeld. Madam Seefeld.

Seefeld nimmt die Akten, welche der Kanzellist vorher brachte. Ich habe vergessen, die Papiere mitzunehmen.

Madam Seefeld. Die hätte ja der Bediente holen können.

Seefeld. Den Bedienten will ich nicht viel mehr brauchen Geht.

Madam Seefeld. Du bist heute sehr sonderbar.

Seefeld. Hm!

Madam Seefeld. Ich habe dir etwas zu sagen.

Seefeld. So bleibe ich da.

Madam Seefeld. Du mußt so gut seyn, für den Ludwig etwas zu thun.

Seefeld. Herzlich gern, alles was ich kann

Madam Seefeld giebt ihm die Rechnungen. Er hat sich genöthiget gesehen — und das ist denn auch wohl zu begreifen — Wohlstands halber einige Ausgaben zu machen.

Seefeld. Nun, und ich?

Madam Seefeld. Du wirst so gut seyn —

Seefeld. Zu zahlen?

Madam Seefeld. Es muß ja nicht auf einmal seyn.

Seefeld. Es muß auf einmal seyn.

Madam Seefeld. Willst du dann wohl die Liebe haben, und es übernehmen?

Seefeld geht auf und ab, und liest in den Rechnungen.

Madam Seefeld. Nun, was sagst du?

Seefeld. Ich nehme es in Ueberlegung.

Madam Seefeld. Es ist freylich etwas viel.

Seefeld. Wirklich? doch etwas viel?

Madam Seefeld. Aber er ist doch nun einmal in dem Stande —

Seefeld. Das ist er.

Madam Seefeld. Und noch ohne Besoldung.

Seefeld. Ohne Besoldung, ja.

Madam Seefeld. Du thust aber auch nichts.

Seefeld heftig. Arbeite mit Tagesanbruch, bin an den Tisch geschmiedet, daß oft mein Blut stockt, und ich weder sehe noch höre — arbeite so, daß ich kaum mehr weiß, wie draußen Feld und Gras aussehen — und thue doch nichts? Kalt. Was soll ich mehr thun? Sprich!

Madam Seefeld. Du verstehst mich nicht.

Seefeld. Wahrhaftig nicht.

Madam Seefeld. Es hat dir ja nur einen Gang zum Präsidenten gekostet, daß Ludwig den Rathstitel erhalten hat, so denke ich —

Seefeld. Verflucht sey der Gang!

Madam Seefeld. Mein Gott!

Seefeld. Pause, darin er sich faßt. Weiter!

Madam Seefeld. So meine ich, wenn du jetzt öfter zum Präsidenten gingest, und lägest ihm an wegen der Besoldung für Ludwig.

Seefeld kalt. Nein!

Madam Seefeld. Wie? willst du deines Sohns Glück nicht machen?

Seefeld geht einigemal auf und ab, dann sagt er ihr mit Nachdruck und Empfindung: Es ist sehr oft leichter zu fragen, als zu antworten. Geht ab.

Madam Seefeld. Was will der Mann? Was hat er vor?

Eilfter Auftritt.

Madam Seefeld. Sophie.

Sophie. Wollen Sie so gut seyn, Mama, und den Nachtisch für diesen Nachmittag ansehen, ob er Ihnen so recht ist?

Madam Seefeld. Er wird schon recht seyn.

Sophie geht.

Madam Seefeld. Sophie!

Sophie. Mama!

Madam Seefeld. Zieh' dich heut besser an.

Sophie. Warum, liebe Mama?

Madam Seefeld. Was soll die Frage?

Sophie. Finden Sie sie nicht natürlich?

Madam Seefeld. Nein!

Sophie. — Ich will mich anziehen.

Madam Seefeld. Und spiele die neuen Sonaten von Pleyel durch, daß sie dir für den

Nachmittag geläufig sind. Leg' deine Zeichnungen zurecht, und probiere die Arie: „Ihr Rosenstunden". Geht ab.

Sophie sieht ihr nach, weint und sagt mit tiefem Schmerz: Ihr Rosenstunden — ihr seyd verschwunden! Dann folgt sie ihr schnell.

Zweyter Aufzug.

Das vorige Zimmer.

Erster Auftritt.

Johann. Henriette.

Henriette. Nun, ich folge Ihm durch das ganze Haus nach; wo soll ich denn hin?

Johann. Hierher, mein Kind! Hier sind wir allein.

Henriette. Wozu denn?

Johann. Hat Sie nichts gesehen? gar nichts? — im Hause meine ich.

Henriette. Im Hause? — Daß der älteste Sohn angekommen ist — daß die ganze Familie im Jubel ist, daß —

Johann. Die ganze Familie? — Ja bis auf den Papa. Der Papa läßt curiose Blicke herum gehen. Kurz um, mir ist nicht wohl bey der Sache, und ich nehme meinen Abschied.

Henriette. Seinen Abschied? Weswegen denn?

Johann. Ich bin schon deswegen gescheid, daß ich ihn nehme, weil ganz und gar kein Grund vorhanden ist, warum ich ihn nicht nehmen sollte. Als ich hier ins Haus kam, dachte ich, der alte Herr würde mir einmal so einen Kanzleydieners-Platz schaffen; aber der denkt nicht an mich. Hier ist nichts zu gewinnen, als daß man den lieben Athem im Gange erhält; also fort. Und das habe ich Ihr auch rathen wollen. Was Sie hier gewinnen kann, ist — höchstens ein gefärbter, alter, dünner, seidner Rock — das Final — wird eine arme alte Jungfer.

Henriette. Wenn mich die Mamsell nicht dauerte; aber die ist so unglücklich.

Johann. So lange sie unglücklich ist, kann sie Ihr nichts geben; und wenn sie einmal glücklich ist, so braucht sie Ihre Thränen nicht mehr. Dann giebt's zum Recompens eine alte mousselinene Fahne, ein: „ich bedanke mich" — und die Sache ist abgethan. Folge Sie mir, ziehe Sie ab!

Zweyter Auftritt.

Vorige. Ludwig.

Ludwig. Meine Mutter verlangt Sie, Henriette.

Henriette ab.

Johann. Da — ein Brief von der Herzallerliebsten.

Ludwig öffnet. Drey Bogen? Das lese ein anderer. Liest: „Unglück — die Pflichten gegen dein Kind.“

Johann. Der kleine Herr Seefeld gleicht Ihnen auf ein Haar.

Ludwig. Sie hat von meiner Heirath gehört. Wer kann ihr das gesagt haben?

Johann. Ja wenn wir nicht immer mit reichen Partien prahlten.

Ludwig. Der Vater will klagen. Verdammt! Liest: „Dein Wort, deine theuern Schwüre halten, der Meinige zu werden“ Er ist in Gedanken.

Johann. Ja, wenn Sie die Müllerstochter heirathen, so wird freylich aus der reichen Holländerin nichts.

Ludwig. Ich muß zuvorkommen, ich muß meiner Mutter die Geschichte erzählen. Wir müssen sie abkaufen.

Johann. Ja wenn der alte Kerl nicht auch seinen Bürgerhochmuth hätte.

Ludwig. Es muß gehen.

Johann. Und wie wird es mit mir?

Ludwig. Mit dir?

Johann. Habe ich nicht mit aller menschmöglichen Pfiffigkeit studiert, Geld in Ihre leere Kasse zu bringen? Habe ich nicht endlich den weltgescheiden Gedanken gehabt, mit dem alten Seelmann zu negotiiren, daß er hundert Thaler für eine vortheilhafte Relation an Sie spendiren möchte? Nun, die Relation ist gemacht, die alte Hexe, die Frau Schmidt, hat das Paradiesgärtlein richtig verloren. Der alte Seelmann hat Ihnen die hundert Thaler bezahlt; aber die fünf und zwanzig Thaler, die ich davon haben sollte, wo bleiben die? Wo bleiben meine dreyßig Thaler Auslagen? Der versprochene Dienst, wo bleibt der?

Ludwig. Mach mir den Kopf nicht warm.

Johann. Und dann sehe ich wohl, daß die Müllerstochter mich auch nicht nehmen wird.

Ludwig. Mach, daß du ihr besser gefällst, als ich; das ist Deine Sache. Geht ab.

Johann. Deine Sache? So? ausspotten? — ausspotten und nicht bezahlen? Denkt doch! Endlich auch wohl gar niemals bezahlen. Daraus wird nichts, Herr Rath — ohne Rath, wir sind klüger.

Dritter Auftritt.

Johann. Herr Seefeld. Madam Seefeld. Christian. Sophie und Heinrich.

Seefeld. So laß uns denn deine Herrlichkeiten sehen, mein Sohn!

Christian. In der That Herrlichkeiten. Ich denke wohl, Sie werden Sie dafür gelten lassen.

Seefeld. Johann, hilf die Verschläge aufmachen.

Christian. Geh Er mit mir! Geht mit Johann in das Seitenzimmer.

Seefeld will dem Christian folgen.

Madam Seefeld zu ihrem Manne, indem sie mit Wärme seine Hand faßt. Was sagst du?

Seefeld. Wovon —

Madam Seefeld. Von Christian.

Seefeld. Noch nichts.

Madam Seefeld. Kennst du einen interessanteren jungen Mann?

Seefeld. Interessant? Nun ja, das ist Etwas.

Madam Seefeld. Etwas? Das ist Alles. Was helfen alle Kenntnisse ohne Grazie? Was nützt das trockne Wissen, ohne die Gabe, sich mitzutheilen, sich verständlich zu machen, andern die Empfindung mitzutheilen, die uns durchglüht?

Seefeld. Das ist sehr wahr gesprochen.

Madam Seefeld. Fühlst du das? — O ich bin die glücklichste Mutter! — Mache meine Freude vollkommen — umarme mich und sag nun auch, ich bin ein glücklicher Vater.

Seefeld. Ich sehe dich gern froh, und habe viel gethan und viel unterlassen, um dich zufrieden zu erhalten, wenn nur nicht zu viel.

Madam Seefeld mit Erstaunen. Unerklärbar!

Seefeld. Und doch so leicht zu fassen.

Madam Seefeld. Du bist sonderbar seit einiger Zeit, und ich muß dich wohl deinen eignen Weg gehen lassen. Es geht ja fast alles jetzt seinen eigenen Weg bey uns. — Mamsell Sophie spricht kein Wort.

Sophie aus tiefen Gedanken erwachend. Was befehlen Sie?

Madam Seefeld. Ja ja. Ich werde dir befehlen; denn du hast seit kurzem eine Miene angenommen, die mir mißfällt. Zu ihrem Manne. Ich habe eine Parthie für sie.

Seefeld. So?

Sophie. Ach Mama —

Madam Seefeld. Nun?

Sophie. Eine Partie für mich?

Madam Seefeld. Warum? Ist dir es nicht recht?

Sophie. Ich höre ja in dem Augenblicke das erste Wort davon.

Madam Seefeld zu Seefeld. Sie ist sehr vortheilhaft.

Seefeld. Das wäre erwünscht für das gute Mädchen.

Sophie ergreift ihres Vaters Hand. Bin ich das? O wenn ich ein gutes Mädchen bin, so lassen Sie mich nicht aufopfern.

Madam Seefeld. Aufopfern? und aufopfern lassen? Wer bin ich, daß du bey deinem Vater Schutz und Rettung suchst?

Sophie. Sie sagen, die Partie ist vortheilhaft. Ihre Gedanken scheinen ganz auf dem Worte zu ruhen. Sie nennen den Mann nicht —

Madam Seefeld. Weil es noch nicht nöthig ist.

Sophie. Bin ich denn so lästig, daß ich weg gegeben werden muß; hin an den Ersten den Besten, der ein vortheilhaftes Gebot thun will?

Madam Seefeld. Sophie!

Sophie. So auf einmal an einen Fremden, aus meiner Aeltern Hause weg vergeben werden muß?

Madam Seefeld. Du machst eine poetische Umschreibung von dem Worte „Heirath,“ mein Kind!

Sophie. Das weiß ich nicht, aber ich weiß, daß ich für Wehmuth vergehen möchte, und da Ihnen diese Stimmung zuwider ist, so bitte ich um die Erlaubniß, auf meinem Zimmer ausweinen zu dürfen. Will gehen.

Madam Seefeld. Das sollst du nicht; denn deine Thränen sind Ungehorsam.

Seefeld. Erlaube es, ich bitte darum.

Madam Seefeld. So geh, weine aus, und sammle dir Festigkeit zum Gehorsam für die, die dein Glück will.

Sophie geht.

Madam Seefeld. Sophie — Ich erwarte es, dich mit trocknem Auge wieder zu sehen.

Sophie. Mit heißem trocknem Auge. Geht ab.

Vierter Auftritt.

Vorige ohne Sophie.

Seefeld. Nicht zu vergessen, daß ihre Stimme bey der Sache die erste Stimme ist.

Madam Seefeld. Wie?

Seefeld. Die erste und — die entscheidende. Wer ist der Mann?

Madam Seefeld. Hofrath Räder.

Seefeld. Er ist reich.

Madam Seefeld. Sehr reich.

Seefeld. Uebrigens sehr nahe an Funfzig.

Madam Seefeld. Es ist eine Versorgung.

Seefeld. Wenn Sophie so versorgt seyn will.

Madam Seefeld mit Nachdruck. Du kennst unsre Zeiten. Es ist eine Versorgung.

Seefeld. Es ist ein ganz verlebter Mensch, der —

Madam Seefeld. Es ist eine Versorgung, also muß ich darauf bestehen.

Seefeld. Ich mit dir, nur nicht bis zum Zwang.

Madam Seefeld. Da findet kein Zwang Statt, denn sie liebt nicht.

Seefeld. Das weiß man nicht.

Madam Seefeld. Und wenn sie liebt, so darf sie nicht mehr lieben, eben weil man es nicht weiß.

Seefeld. Der Schluß wäre wohl richtig.

Madam Seefeld. Also —

Seefeld. Als Schluß, aber sonst nicht wohl ausführbar.

Madam Seefeld. Nicht wohl ausführbar? nicht —

Seefeld. Pst! nichts übereilt!

Madam Seefeld zu Heinrich, der sich auf eine Stuhllehne gestützt hat, und in einem Buche liest. Was hast du da für ein Buch?

Heinrich bringt das Buch. Ansons Reise um die Welt.

Madam Seefeld. Den ganzen Tag thust du, was du nicht thun sollst, und liest, wo du nicht lesen sollst.

Heinrich. Mama, das ist das beste Buch, was ich kenne. Daran denke ich Tag und Nacht, und deshalb bringe ich das Griechische Wesen nicht in den Kopf.

Madam Seefeld nimmt es. So laß das Buch weg.

Heinrich. Kriege ich es nicht wieder?

Madam Seefeld. Nein.

Heinrich. So denke ich an das, was ich gelesen habe.

Seefeld drohend. Heinrich!

Heinrich. Papa, ich kann's nicht anders. Wie die Leute auf dem Meere geschwebt sind, und was sie alles gesehn haben, Länder und Menschen und Thiere, und wie die ausländischen Menschen alle so ehrlich und geradeweg sind. Wenn ich so recht hinein komme in die Sachen, so packe ich das Buch mit beiden Händen fest. Und haben Sie gelesen? wenn die Stürme und Gewitter angegangen sind, mitunter auch Lebensgefahr vom Feind; dann sind sie zusammen gestanden, keiner ist von dem andern gewichen, und haben sich gewehrt wie brave Kerls. Da, wenn ich das lese, kann ich nicht mehr sitzen, ich muß auf und ab rennen, und pakken was Schweres auf, daß ich nur was anpacken kann. Ich möchte mit hungern, mit naß werden, mit hauen und schießen — Da kommt dann die Mama und der Herr Magister Erhardt mit ihren Büchern, Grammatiken und ihrem tipto, tiptote! Es geht wahrhaftig nicht mehr.

Madam Seefeld. Nun? wie ist's denn mit dem? Da soll wohl auch nichts übereilt werden?

Seefeld. Bey dem — am allerwenigsten.

Madam Seefeld. Meine Geduld ist am Ende.

Fünfter Auftritt.

Vorige. Christian mit einem Kopfe in Papier gewickelt. Johann trägt mehrere Schubkasten nach, die er auf einen Stuhl setzt, und geht wieder ab.

Christian. Nun freue ich mich im voraus auf die Empfindung, die Sie haben werden. Er stellt einen Tisch in die Mitte, den Kopf darauf, und fängt an ihn los zu wickeln.

Heinrich drängt sich zu. Christian, was ist das?

Madam Seefeld. Eine Antike.

Heinrich. So?

Christian hat ihn frey hin gestellt, tritt zurück. Nun sehen Sie!

Seefeld und Madam Seefeld besehen ihn.

Heinrich. Das ist ein garstiger Kerl.

Seefeld. Es ist ein Nero.

Christian mit Feuer. Die Mühe, die Gänge, die Künste, die mich es gekostet hat, ihn zu erhalten — davon haben Sie keine Idee.

Heinrich. Christian! Christian! Christian!

Madam Seefeld. Was ist denn?

Heinrich. Da komm einmal her.

Christian. Nun?

Heinrich. Sie haben dich für einen Narren gehabt. Sieh, da — da oben auf dem Kopfe ist er geflickt.

Christian. Das ist die Urkunde seiner Aechtheit. Pathetisch. Es ist bekannt, daß gleich nach Nero's Tode alle Satuen dieses Kaisers theils in die Tyber geworfen, theils zerschlagen, und in der Folge verschüttet wurden. Dieses ist einer von den in diesem Aufruhr zerschlagenen Köpfen. Ein ächter Nero.

Madam Seefeld. Ah, so etwas ist der Mühe werth.

Heinrich. Höre — wer hat denn seitdem die Stücke aufgehoben, von Nero an, bis du gekommen bist?

Madam Seefeld. Einfältiger Bursche! Christian, du schenkst mir herrliche Stunden. Ich danke dir dafür. Zu ihrem Manne. Er war nicht umsonst da.

Seefeld. Gewiß nicht umsonst.

Christian. Dieser Nero ist die Krone meiner Acquisitionen.

Heinrich. Aber höre — du mußt mir's nicht übel nehmen. Nero war ein meschanter Kerl, was willst du mit seinem Gesicht?

Christian. Ich muß Ihnen beyläufig sagen, daß ich dafür achte, man hat dem Nero zu viel gethan. Nero war eigentlich ein ungewöhnliches Etwas seiner Zeit ein Genie.

Heinrich. Geh doch weg, er hat die Stadt verbrannt.

Christian. Um sie schöner aufzubauen.

Madam Seefeld zu Heinrich. Er veranlaßte also ein kleines Uebel, um ein größeres Gutes thun zu können.

Heinrich. Er ist doch allemal ein Mordbrenner.

Christian. Von den mehrsten alten und von allen merkwürdigen neuern Bildsäulen habe ich Abgüsse mitgebracht, die ich nun auch heut noch aufstellen will. Lassen Sie uns nun zu den Gemmen übergehen. —

Madam Seefeld. Hast du keinen Otto mitgebracht?

Christian. Erlauben Sie, daß ich alles in der Ordnung zeige, worin ich —

Seefeld. Christian! ich ehre diese Sachen alle sehr zu seiner Zeit —

Madam Seefeld lachend. Zu seiner Zeit.

Seefeld. Aber ich bin kein Kenner.

Christian. Das weiß ich.

Seefeld. Und mir liegen Sachen am Herzen, die mir — um deinetwegen wichtiger sind. Laß uns also das alles zu gelegener Zeit sehen.

Madam Seefeld. Nein, es ist doch nicht möglich, daß man so kalt und todt gegen schöne Künste seyn kann.

Seefeld. Nero und Otto sind todt — Christian lebt, und soll noch lange leben.

Christian. Mama, Sie wissen, das kann man sich nicht geben. Nicht zu jedem sprechen diese todten Formen, nicht jede Imagination wird davon ergriffen und genährt.

Madam Seefeld. Das merkt man ja täglich. Aber ich kann euch nicht sagen, was mit dem Anblick dieses Nero alles vor mir steht; was ich in der Gesichtsbildung alles suche und finde. Dieser kühne und doch spottende Zug zwischen den Augenbraunen —

Seefeld. Du hast vorhin dem Heinrich Ansons Reisen um die Welt genommen, weil sie der Griechischen Grammatik im Wege stehen. Er bedeckt den Kopf mit seinem Tuche. Ich verhülle den Nero, weil er den Aeußerungen meiner Vatersorge im Wege steht — die für dasmal dich auch nicht angehen. Also geh, Heinrich.

Heinrich geht ab.

Sechster Auftritt.

Vorige ohne Heinrich.

Madam Seefeld. Nun, was soll jetzt werden?

Seefeld. In der That, davon ist die Rede. Ich thue diese Frage an dich, mein Sohn! — Was soll jetzt werden?

Christian. Wie so?

Seefeld. Mit dir, mit deiner Bestimmung. Was wirst du jetzt in deinem Vaterlande anfangen?

Madam Seefeld. Diese Frage in diesem Augenblicke!

Seefeld. Er muß sie so oft gedacht haben, daß er mir — auch beym Eintritte in das Haus sie hätte beantworten können.

Madam Seefeld. Er hat Kenntnisse, Erfahrung, Welt — Alles steht ihm offen.

Seefeld. Nun, was wirst du denn von dem allen ergreifen, was dir offen steht?

Madam Seefeld. Ein Talent der Art wird man nicht lange müßig am Wege stehen lassen.

Seefeld. Wie willst du von deinem Talent Nutzen ziehen?

Christian. Die Wahrheit zu sagen —

Madam Seefeld schnell einfallend. Er ist fremd durch seine Reisen, und man hat gutes Vorurtheil für Fremde.

Seefeld. Ich frage ja dich nicht. Antworte mir, Christian!

Christian. Lieber Vater, ich habe gesucht, von meinen Reisen so viele Vortheile als möglich zu ziehen, Kenntnisse jeder Art einzusammeln, den Zweck hatte ich immer vor Augen.

Madam Seefeld. Und mit diesem Fleiß —

Seefeld. Ohne Umschweif. Mit Einem Worte, was willst du werden?

Christian geht einige Schritte, und reibt unmuthig die Stirne. In der Villa Medicis, am Lago maggiore, bey den Schätzen des Vatikans, in Virgils Vaterlande — o, da dachte ich wenig an das, was ich in unsern Sandfeldern zwischen den rauchigen Strohhütten einst treiben würde.

Madam Seefeld mit Wärme. Findest du das nicht begreiflich?

Seefeld kalt. Nein!

Christian. Das ist schlimm.

Seefeld. Du bist weder Bildhauer, noch Mahler.

Christian. Auch hätte ich das nie seyn können. Die Ideale von Vollkommenheit, die ich fühle und fasse, hätten mich an Ausführung eines Kunstwerks verzweifeln lassen.

Seefeld. Gut! Du bist also Kunstliebhaber. Kannst du davon leben?

Madam Seefeld. Sollten unsere Gallerien nicht alles thun, einen Mann zu besitzen, der —

Seefeld. Unsere Gallerien sind besetzt.

Madam Seefeld. Muß es denn hier seyn?

Seefeld. Auswärts sind dieselben Verhältnisse. Doch sey es einst auswärts. — Wovon lebt er bis dahin?

Madam Seefeld. Leben! leben! Noch sind wir da.

Seefeld. Er hat Geschwister. — Kurz von der Sache zu reden, du mußt aufhören in den Künsten zu schwelgen — denke an Erwerb!

Christian widrig. Erwerb!

Seefeld. Erwerb — ja, mein Sohn. Ich mußte auch daran denken, sonst hättest du nicht reisen können.

Christian. Nun denn — wie soll ich erwerben?

Seefeld. Für deinen Bruder Ludwig ist ein Titel gesucht, womit er ohne Sold sich herum treibt.

Christian. Da hat man ihm nicht gut gerathen.

Seefeld zu Madam Seefeld. Hörst du das? Zu Christian. Ich war ein Narr, und that, warum man mich quälte.

Madam Seefeld. Unter dem „man" bin ich verstanden.

Seefeld. Du hast die Rechte studiert. — Vor der Hand, bis du bekannt bist, und eine Stelle findest, rathe ich dir zu advociren.

Christian. Gott bewahre mich!

Madam Seefeld. Das fehlte noch.

Christian. Zwischen Elend, Chikane und Bosheit meine Kräfte abwetzen — unter Flachköpfen leben und den Schneckengang der Formalität nachkriechen? Nein, das thue ich nicht.

Seefeld. Gewiß nicht?

Christian. Gewiß nicht.

Seefeld. Und einen Weg, etwas zu erwerben, den du gehen möchtest, kannst du mir nicht vorschlagen?

Christian. Ich weiß nichts.

Seefeld. Gut.

Madam Seefeld. Bedenke doch nur —

Seefeld. Ich habe jetzt alles und von jeder Seite bedacht, wovon du nie etwas bedacht hast — was ich leider zu spat bedacht habe. Er geht auf und ab. Ich bin heftig, und das darf ich jetzt nicht seyn. Bey kälterem Blute will ich euch allen meinen bestimmten Willen sagen. — Indeß wollte ich, du hättest mitten in den Entzükkungen, welche dir die Villa Medicis und der Lago maggiore darboten, daran gedacht — daß deine Mutter Wittwe werden, und dann die Unterstützung ihrer Söhne brauchen kann. Geht ab.

Siebenter Auftritt.

Madam Seefeld. Christian.

Christian. Mein Vater ist verdrießlich geworden, seit wir getrennt sind.

Madam Seefeld. Wer muß es mehr empfinden, als ich? — Indeß muß man wohl auf eine Art Erwerb denken, theils seinetwegen, aber auch deinetwegen, lieber Christian.

Christian. Ich will Vorlesungen halten über Sachen des Geschmacks.

Madam Seefeld. Gratis ja, aber für Geld — das leidet meine Ehre nicht. Rasch. Ey wie wäre es denn, — da kommt mir ein Gedanke — ein origineller Gedanke. Und sind nicht oft die schnellen Ideen die besten? Unser alter Hausfreund, der Stabschirurgus Rechtler —

Christian. Lebt er noch, der alte, ehrliche, weitläuftige Patron?

Madam Seefeld. Ja. Seine Töchter sind heran gewachsen. Beide hübsch, steinreich beide — Rechtler ist dein Pathe — Rechtler liebt Gemählde — du bist ihm neu — gefällt dir eine von den Mädchen, so sehe ich es für eine ausgemachte Sache an.

Christian. Reich sind sie, das ist wahr.

Madam Seefeld. Du bist dann Herr für dich, brauchst nicht suchen Cour zu machen, und kannst den edelsten Kunstgefühlen Genüge leisten. — Mein Sohn, besuche sie — gieb dir ein gewisses warmes Gefühl für den Vater, weil er dein Pathe ist. Er hat keinen Sohn, so was fügt sich oft sonderbar. Thue alles, was die Leute gewinnen kann.

Christian. Ich will gleich hingehen.

Madam Seefeld. Je eher je lieber.

Christian. Kommt es zu Stande, so ziehe ich wieder nach Italien — denn hier ist es für mich nicht mehr zum Aushalten, das sehe ich wohl.

Madam Seefeld. Und das fasse ich so sehr — Thue was zur Sache gehört — eile, ich bitte dich.

Christian. Ich gehe hin, Mama. Geht ab.

Achter Auftritt.

Madam Seefeld allein.

Ich muß es durchsetzen. Meine Erziehung lasse ich nicht meistern; weder in den Grundsätzen noch in den Folgen.

Neunter Auftritt.

Madam Seefeld. Ludwig.

Ludwig. Christian ist nicht hier?

Madam Seefeld. Zum alten Rechtler. — Du bekümmerst dich wenig um ihn.

Ludwig. Er kommt gerade zu einer Zeit, wo ich — nicht in der besten Laune seyn kann.

Madam Seefeld. Sey doch ruhig, dein Vater übernimmt die Schuld.

Ludwig küßt ihr die Hand. Das danke ich Ihrer Güte.

Madam Seefeld. Mach mir nur Ehre, so bin ich belohnt.

Ludwig. O das sollte nicht fehlen. Aber wenn die Seele unter einem Drucke seufzet —

Madam Seefeld. Erkläre dich, was ist das?

Zehnter Auftritt.

Vorige. Rechtler.

Rechtler. Ey der Tausend, — da will ich hören, es sey mein Pathe, der Christianus wieder dahier angekommen.

Madam Seefeld. Denken Sie nur, er ist schon zu Ihnen hin.

Rechtler. In meine Behausung? Nun wie ist denn der Knabe von Statur worden?

Madam Seefeld. Fast geblieben, wie er war.

Rechtler. Wie er war? Hm! setzt sich. Ja das Wälschland ist ein heißes Land, welche Hitze den Körper vermindert, oder doch dessen Zunahme widerstreitet. Indem die Fluida von der Sonne ein merkliches angegriffen werden.

Madam Seefeld. Und die schönen Sachen, die er mitgebracht hat.

Rechtler. Doch auch Lavam? — hat er Lavam Vesuvii mit anher gebracht?

Madam Seefeld. Ich zweifle nicht.

Rechtler. Nur den Vesuvium hätte ich sehen mögen; wäre auch noch hingereiset, wenn ich den beiden Mädchen mit der Gartenbestellung trauen könnte, und die Patienten —

Madam Seefeld. Ja, es ist ein Wunder der Natur.

Rechtler. Ey bey Leibe! die Natur hat keine Wunder. Der Berg Vesuvius ist zu betrachten —

Madam Seefeld. Als ein feuerspeyender Berg —

Rechtler. Als ein Körper. So wie der menschliche Körper sein Leben und Bewegung hat, erhält und besitzet, vermittelst des Blutes, also mag man sagen, eben wie in den Adern das Blut im menschlichen Körper hin und her gehet, eben also gehen durch den Boden Feueradern, die mit dem Vesuvio in Connexion sind. Ja, es kann dieser Vesuvius von diesem Feuerkörper als die Herzkammer oder das Haupt angesehen werden. Also —

Madam Seefeld. Das ist eine recht klare Idee.

Rechtler. Also daß ich sagen möchte: eine Eruption — ein Feuerauswerfen des Bergs Vesuvii ist zu nehmen, zu betrachten und zu halten, wie bey denen Menschen das Nasenbluten. Wie dieses von Abundantia Sanguinis herrühret, also jenes von Abundantia oder Ueberfluß des Feuers. Ja — es können hier — er steht auf, und pocht mit dem Stocke auf den Boden — hier unter uns Adern bis hin zum Vesuvio gehen! Ja!

Madam Seefeld. Wird mein Sohn nicht eine Freude haben, Ihnen das alles zu erzählen!

Rechtler. Dieß nicht. Denn es gehört ad Historiam Naturae, worauf ich im Patent angewiesen bin, sie zu wissen. Aber andere Sachen, als von denen alten Götzenbildern, dem Capitolio und von gemahlten Sachen, da kann er mir erzählen. Ich will auch gleich — obwohl ich eigentlich mit Ihnen einen Discurs zu führen hätte, dennoch heim gehen.

Madam Seefeld. Ich kann meinen Sohn holen lassen.

Rechtler. Nein. Ich will dem Menschen doch auch meine indeß angeschafften Kugelbüchsen, Tulpenzwiebeln und Praeparata zeigen. Derweilen empfehle ich mich.

Madam Seefeld. Auf Wiedersehen — und baldiges Wiedersehen!

Rechtler. Ehebaldigst. Es soll mich doch verlangen, was aus dem Christiano geworden ist.
Geht ab.

Eilfter Auftritt.

Vorige, ohne Rechtler.

Madam Seefeld. Dem Himmel sey Dank, daß er fort ist! Was hast du?

Ludwig. Ach! wenn es leicht zu sagen wäre, so wüßten Sie es lange schon.

Madam Seefeld. Du ängstest mich.

Ludwig. Ach, Mama! Sie werden mich hassen.

Madam Seefeld. Hassen? — Ludwig — werde ich dich nicht einmal bedauern können?

Ludwig. Ist der nicht ein Gegenstand des Mitleids, der die Liebe einer solchen Mutter verlieren muß?

Madam Seefeld. Mein Kind! gerührt. So rede doch! Du wendest dich an einen Richter, der gerne verzeiht.

Ludwig. Ja, das macht mir Muth! Ich will reden. Sanfte Empfindung, Zärtlichkeit — ist es nicht das Erbtheil meiner guten Mutter? Ich bin nicht weise mit diesem Schatze umgegangen. Zufall, Schönheit reitzten mich — ich liebe — eine Müllerstochter.

Madam Seefeld sehr ernst. Ludwig!

Ludwig. Dieß Mädchen hätte — ich kann es nicht verschweigen — durch ein lebendes Wesen Rechte auf mich, wenn sie meines Standes wäre.

Madam Seefeld zornig. Was ist das?

Ludwig. Sie hassen mich?

Madam Seefeld. Ich verabscheue dich!

Ludwig. So bin ich verloren, so ist mir das Leben verhaßt. Ich — werde Rath schaffen — Nur das unschuldige kleine Wesen sey Ihnen empfohlen. Geht.

Madam Seefeld. Ludwig!

Ludwig kehrt um.

Madam Seefeld. Was soll ich thun? — Ich müßte dir nicht verzeihen, und — kann dich doch nicht trostlos gehen lassen.

Ludwig. Sie geben mir das Leben wieder.

Madam Seefeld. Hätte ich nur nicht deine Heirath schon negotiirt, und bey dem guten Anscheine davon gesprochen!

Ludwig. Das weiß das Mädchen.

Madam Seefeld. Das gilt gleich.

Ludwig. Sie macht Ansprüche —

Madam Seefeld. Die du doch nicht erfüllen wirst?

Ludwig. Nein, aber —

Madam Seefeld. Möchte die alberne Dirne sich doch andere Träume noch in den Kopf gesetzt haben!

Ludwig. Aber sie ist kühn —

Madam Seefeld. Und ich bin fest.

Ludwig. Sie wird Stürme wagen, die uns in Verlegenheit setzen können.

Madam Seefeld. Eine Müllerstochter? Alle Ungemächlichkeiten sind ihr doch ersetzt?

Ludwig. Davon hat sie nie etwas wissen wollen.

Madam Seefeld. Das muß sie, das muß sie. Sorge dafür! zwinge sie dazu!

Ludwig. Eben ihre höhern Ansprüche —

Madam Seefeld. Daß ich davon nie höre! nie! Dieß zu endigen und diese Unannehmlichkeiten zu ebnen, das sey deine Strafe. Da — nimm den Ring. Er ist hundert und funfzig Thaler werth — er mag verloren seyn — nur daß du dem Geschöpf an Generosität nicht nachstehest.

Ludwig. Sie thun viel, aber dennoch fürchte ich, es wird —

Madam Seefeld. Fürchten? fürchten? Bring die Sache zu Ende. Um vier Uhr verlange ich einen schriftlichen Revers, daß sie zu Ende ist. Jetzt gehe — und — wenn du fürchten willst, so fürchte mich. Ich habe dir den Fehler der Jugend und Leidenschaft verziehen — den Mangel an festem

Charakter würde ich dir nicht verzeihen — Keine Einwendung — geh und handle!

Ludwig geht ab.

Zwölfter Auftritt.

Madam Seefeld allein.

Ich hätte ihn nicht so leicht wegkommen lassen sollen. Aber was thut man nicht, um das Vertrauen der Kinder in den Jahren zu erhalten, wo so viele glauben, gar keine Rechenschaft schuldig zu seyn!

Dreyzehnter Auftritt.

Vorige. Herr Seefeld.

Seefeld. Sprichst du mit dir selbst?

Madam Seefeld. Das ist um nichts schlimmer, als mit dir; denn von dir erhalte ich auch keine Antwort.

Seefeld. Jetzt werde ich auch handeln müssen, ohne dir zu antworten. — Im allgemeinen will ich dir nur sagen, ich muß die Fehlschritte wieder gut machen, die in der Erziehung meiner Kinder gemacht sind.

Madam Seefeld. Fehlschritte? Ich habe sie erzogen.

Seefeld. Das war der größte Fehlschritt meines Lebens.

Madam Seefeld. Undankbarer Mann!

Seefeld. Heiße mich lieber einen schwachen, albernen Mann.

Madam Seefeld. Und was soll nun auf einmal noch geschehen, daß alles anders wird?

Seefeld. Alles soll aufhören zu scheinen, alles soll seyn. Keines von meinen Kindern soll für klüger, für weiser, für besser gehalten werden, als es ist. Niemand von uns soll für reicher gehalten werden, als er ist. Darauf will ich all meine letzte Kraft und alle Gewalt verwenden.

Madam Seefeld. Was ist das?

Seefeld. Keine Scheinmenschen, keine Scheinhaushaltung soll mehr seyn — alles Wirklichkeit. Willst du das so mithalten?

Madam Seefeld. Ich werde meine Sorge fortsetzen, wie bisher; niemals aber werde ich mein Wort und mein Ansehen zu Thorheiten hergeben, die uns alle lächerlich machen.

Seefeld. Bey Gott! Du hast mich lächerlich gemacht, und deine Kinder unglücklich.

Madam Seefeld. Warum hättest du das nicht früher gesehen, wenn es wäre?

Seefeld. Als ich jung war und leichtsinnig, hat dein Geist mir die Herrschaft entrissen, und deine Liebenswürdigkeit lieh dem Unrecht eine glänzende Außenseite. Als meine Kinder klein waren, war dein Einfluß unmerklicher, deine Grundsätze unschädlicher. Als meine Kinder erwachsener wurden, war ich in Arbeit begraben und von Gewohnheit betäubt. Jetzt, da meine Kinder Männer sind, und leben wollen, und überall verschlossene Aussicht haben, und mir das Grab nahe ist — kein Reitz mich mehr betäubt; jetzt bin ich fürchterlich erwacht — jetzt will ich den Schutt aufräumen, noch retten, was zu retten ist, und dich fragen, bitten, beschwören, hilf mir die Last leichter machen, die auf meinem Herzen ruht, und mich zum elenden Menschen macht.

Madam Seefeld. Jetzt, da du die Flekken, die unmerklich sind, die Hindernisse, die zu übersteigen sind, zu Lastern und Unglück machst, mich zu einem elenden Weibe herabwürdigest, jetzt will ich auf meinen Grundsätzen ruhen, mir selbst Gerechtigkeit geben, und sagen, daß ich stolz auf meine Erziehung bin, und daß ich, was ich aus System gethan habe, nicht und um keinen Preis ändere.

Seefeld. Wir sind nicht mehr jung; es ist nicht aus Laune, wenn wir uns entzweyen — überlege es. Willst du nachgeben?

Madam Seefeld. Nein! nein!

Seefeld. Nun gehe ich meinen Weg standhaft. Geh du den deinen, wie du willst und kannst.

Madam Seefeld. Mach nicht, daß ich es bereue, daß ich irgend einen Weg jemals mit dir gegangen bin.

Seefeld. Beweinen muß ich es, daß meine Liebe sich zu einem Weibe wendete, die Mann und Kinder ihrer Belesenheit opfert.

Madam Seefeld. Beweinen muß ich es, daß ich mich an einen Mann hingab, der muthwillig die Talente seiner Kinder unterdrückt, da er sie heben könnte, und das redliche Bemühen einer sorgsamen Mutter mit Kälte und Undank lohnt.

Geht ab

Seefeld. Unselig ist der Mann, der eine Hausfrau sucht, und findet — ein gelehrtes Weib.

Geht ab.

Dritter Aufzug.

Das vorige Zimmer.

Erster Auftritt.

Sophie ist im Zimmer. Madam Seefeld kommt dazu.

Madam Seefeld. Wo ist dein Vater?

Sophie. Hier neben im Zimmer.

Madam Seefeld. Soll ich dich immer ohne Beschäftigung finden?

Sophie. Meine Empfindung ist so sehr mit der Zukunft beschäftigt.

Madam Seefeld. Was willst du hier?

Sophie. Mit dem Papa sprechen, weil Sie mich nicht hören wollen.

Madam Seefeld. Das hat keine Eile. Sey so gut und geh. —

Zweyter Auftritt.

Vorige. Herr Seefeld.

Seefeld. Was ist das für ein lauter Wortwechsel?

Sophie geht ab.

Madam Seefeld. Es scheint, deine Grillen gehen in noch sonderbarere Handlungen über. Hast du den Bedienten abgeschafft?

Seefeld. Ja.

Madam Seefeld. Warum?

Seefeld. Dir ein Beyspiel zu geben, daß die Kammerjungfer überflüssig ist.

Madam Seefeld. Und welche Bedienung sollen wir künftig haben?

Seefeld. Die, welche unmittelbar nöthig ist.

Madam Seefeld. Wir haben keine Schulden.

Seefeld. Wir wollen keine machen.

Madam Seefeld. Wir haben ansehnliche Besoldung —

Seefeld. Und doch nichts gespart.

Madam Seefeld. Das wäre jetzt auch etwas spät.

Seefeld. Besser spät als gar nicht.

Madam Seefeld. Warum hast du das nicht früher bedacht?

Seefeld. Leider, leider, leider!

Madam Seefeld. Wir haben bisher so gelebt.

Seefeld. Das war unrecht.

Madam Seefeld heftig. Wir sind eines Standes, der erfordert —

Seefeld. Daß wir keines höhern Standes scheinen wollen.

Madam Seefeld. Ein geheimer Secretär hat den Rang eines —

Seefeld. Bürgerlichen Staatsdieners.

Madam Seefeld. Man möchte von Sinnen kommen!

Seefeld. Daß man so spät zu Sinnen kommt? allerdings.

Madam Seefeld. Ohne Wortspiel — was ist der Zweck deiner Neuerungen?

Seefeld. Unterhalt meiner Kinder.

Madam Seefeld. O sie haben bisher gelebt —

Seefeld. Witthum für meine Frau.

Madam Seefeld. Ich habe mich noch nie in Rechnung gebracht.

Seefeld. Leider!

Madam Seefeld. Und kann mich auf meine Kinder verlassen.

Seefeld. Nein!

Madam Seefeld. Wird denn alles im ganzen Hause nach dem Maßstabe verändert?

Seefeld. Alles.

Madam Seefeld. Um das Mährchen der Stadt zu werden?

Seefeld. Bisher waren wir das auf eine theure Weise; jetzt wollen wir es auf eine wohlfeile Weise werden.

Madam Seefeld. Treib mich nicht aufs äußerste.

Seefeld. Ungern.

Madam Seefeld. Du weißt von jeher, ich war entschlossen.

Seefeld. Ich war es leider nicht.

Madam Seefeld. Ich setze durch, was ich anfange.

Seefeld. Von nun an ich auch.

Madam Seefeld. Du solltest lieber die ganze Haushaltung in eine Quakerfamilie verwandeln.

Seefeld. Ihr Fleiß, ihre Sparsamkeit und Gutmüthigkeit soll die Grundlage meines Systems werden.

Madam Seefeld. Man wird mit Fingern auf uns deuten.

Seefeld. Die ersten acht Tage.

Madam Seefeld. Und wie das alles mit den reichen Kleidern, den schönen Möbels kontrastiren wird! wie sich das so allerliebst vereinigen lassen wird!

Seefeld. Wenn sich es nicht vereinigen läßt, so müssen reiche Kleider und schöne Möbels fort.

Madam Seefeld. Was?

Seefeld. Fort.

Madam Seefeld. Daß wir Bankerotierer scheinen?

Seefeld. Daß wir keine werden.

Madam Seefeld. Das geht zu weit. Träume dir eine Welt, wie du willst, aber wenns zum Ausführen kommt, so vergiß nicht, daß ich einen Willen habe.

Seefeld. Der von meinem Willen geleitet seyn muß.

Madam Seefeld. — Ist das der Mann, der sich so sehnlich um meine Hand bewarb?

Seefeld ernst. O Gott! Du warest ein liebenswürdiges Mädchen!

Madam Seefeld. Der mich mit tausend Thränen gebeten hat, die Seinige zu werden?

Seefeld. Darin liegt eben das Unglück, darum bist du die Tyrannin meines Herzens geworden, statt daß du der Trost meines Herzens seyn solltest.

Madam Seefeld. Ich muß mir also sagen, daß Aussenseiten, die zufällig deinem Ideal entsprochen haben, diese Jahre her etwas über dich vermochten, daß sie verschwunden sind, und daß nun —

Seefeld. Daß nun nichts meine Ueberzeugung besticht. Ich wende mich an deine Vernunft, an dein Herz. Laß uns das Heil unserer Kinder schaffen, so gut es — so spät — noch geschehen kann. Karoline! laß uns unsern Bund erneuern, die unlautern Leidenschaften ruhen. Gegenseitige Dankbarkeit und Achtung sollen ihn heiligen, er ist um so edler.

Madam Seefeld. Achtung? Ich dächte wohl, ich hätte von alten Zeiten auf Achtung Anspruch zu machen — und auf Dankbarkeit.

Seefeld wehmüthig. Karoline!

Madam Seefeld. Und Billigkeit würde sie mir gewähren. Aber zur Billigkeit gehört ein edlerer Sinn als der, einer Frau zu sagen, daß mit der Gewalt der Reitze die Rechte der Natur sich mindern oder aufhören.

Seefeld nach einer Pause. Karoline! — Die Erschütterungen des Herzens sind in meinen Jahren nicht mehr wohlthätig. — Du hast mich vor das Bild einer fürchterlichen Zukunft geführt — Geh — vielleicht daß mit deiner Entfernung dieser Augenblick mir aus dem Gedächtnisse kommt!

Madam Seefeld. Ich sehe, ich kann mich nur auf die Rechte verlassen, welche die Gesetze mir erhalten — Ich erinnere dich also in Zeiten, daß ich diese ganz gebrauchen werde.

Geht ab.

Dritter Auftritt.

Herr Seefeld allein.

Ja wohl habe ich um ihre Hand gefleht. Das war verkehrt, und von daher — geht alles verkehrt.

Vierter Auftritt.

Herr Seefeld. Ludwig.

Ludwig. Sie haben befohlen, daß ich kommen soll.

Seefeld. Dir ein- für allemal zu sagen, daß du mir ganz und gar mißfällst.

Ludwig. Sie werden so gütig seyn, Sich zu erklären, warum?

Seefeld. Dein Betragen ist ohne Ernst, deine Arbeiten sind ohne Fleiß.

Ludwig. Ich bin jung.

Seefeld. Der weitste Weg ist noch vor dir.

Ludwig. Die Arbeiten — lieber Himmel — die haben ihren von uralten Zeiten angewiesenen Gang. Man hat zu beiden Seiten Geländer, und trabet so fort.

Seefeld. Die Räthe klagen über dich.

Ludwig. Weil mein Rock einen andern Schnitt hat, und meine Schnallen eine andere Form.

Seefeld. Es sind Leute von Verdienst dabey.

Ludwig. Nun ja, von Tagelöhner-Verdienst.

Seefeld. Thörichter Mensch! — Dem Fleiße, dem eisernen Fleiße dieser treuen Arbeiter danken seufzende Parteyen das Ende ihrer Prozesse. So wie sie sollst du werden; du sollst der Menschheit dienen — mit saurer Mühe dienen, oder du sollst wissen, daß ich den Muth habe, dich da wegzunehmen, und vor der Welt deine Unfähigkeit zu erklären.

Ludwig. Wenn ich, ohne Sie zu erzürnen, die Wahrheit sagen darf, so sehe ich nicht, was ich verlöre, wenn ich statt, mit meinem Titel in dem Gerichtshofe ohne Sold zu fröhnen, mit meinem Titel ohne Sold zu Hause bliebe.

Seefeld. Du hast Recht. Ein Thor war ich, daß ich mich treiben ließ, diesen Titel für dich zu suchen. Kindlich wäre es gewesen, mein Unrecht mir nicht vorzuwerfen. Aber Unrecht hast du, zu vergessen, daß du in meinem Sold stehst und also arbeiten sollst.

Ludwig. In Ihrem Sold — Sie sagen das mit einer besondern Bitterkeit. Sind Sie nach philosophischen Begriffen —

Seefeld. Ja ja! Eure Philosophie ist ein Wegweiser, der sich wenden läßt nach jeder Straße, die euch gemächlich dünkt. Ich wünsche nur, daß alles das, was ihr jetzt philosophische Begriffe nennt, uns nach gerade nicht um die ehrlichen Begriffe bringen möge. Mit Einem Worte, du bist ein schlechter Arbeiter, und deshalb setze ich das, was du von mir bekommst, auf die Hälfte herab, bis du verdienen wirst, es ganz wieder zu erhalten.

Ludwig. Diese Hälfte läßt sich indeß verwenden, meinem Bruder das Studium der Antiken zu belohnen. Geht ab.

Fünfter Auftritt.

Herr Seefeld allein.

Ach, wenn ich doch nur Zorn haben könnte! — aber ich möchte herzlich weinen. Ich fürchte, der Versuch, mein Haus auf den Weg der Ordnung zu bringen, wird mir das Leben kosten.

Sechster Auftritt.

Herr Seefeld. Heinrich.

Seefeld. Komm her, Junge! ich muß wissen, was aus dir werden soll. Willst du studieren, oder nicht?

Heinrich. Nicht.

Seefeld. Was willst du denn treiben?

Heinrich. Ja — ich habe nicht daran gedacht. Eben etwas, wobey ich mich regen und bewegen muß. Lassen Sie mich zur See gehen.

Seefeld. Das ist nichts. Willst du Kaufmann werden?

Heinrich. Die Ziffern und das Griechische — das kommt auf Eins heraus.

Seefeld. Willst du Soldat werden?

Heinrich. — Reiter? ja; aber sonst nicht.

Seefeld. Warum gerade Reiter?

Heinrich. Weil's geschwind geht.

Seefeld. Es hat auch Schwierigkeiten.

Heinrich. Wann könnte ich wohl anfangen zu dienen?

Seefeld. Ich will mich verwenden, ich will's nachsuchen.

Heinrich mit Feuer Papa — das Regiment kriegt nichts Schlechtes an mir.

Seefeld. Das hoffe ich.

Heinrich. Ich habe noch nichts gelesen, was ich nicht auch thun könnte.

Seefeld. Thu dein Bestes, werde brav.

Heinrich. Wie meinen Sie, daß Ihnen zu Muthe seyn wird, wenn Sie einmal lesen: „Lieutenant Seefeld hat da mit dreyßig Mann zwey hundert verjagt;" und wenn Sie mich besuchen, und die alten Kerls machen Ihnen Platz und richten sich, weil Sie mein Vater sind. Das ist dann ein ander Ding, als wenn Sie in der Kanzley hinter meinem Stuhl her gingen.

Seefeld. Gut, gut! Du kannst es weit bringen. Aber überlege es — nun kommt erst lange Zeit der Kadettendienst —

Heinrich. Gemeiner! nichts Kadet!

Seefeld. Es ist mir um so viel lieber. Aber das späte Avancement?

Heinrich. Nein, nein, nein! Ich avancire bald; den ganzen Tag will ich etwas thun. Jeden Hügel wie eine Batterie, jeden Trupp Pferde wie ein Detachement ansehen, und immer denken, wie komme ich dem Dinge bey. Nun will ich zeichnen lernen — mit den alten gedienten Bärten reden; und lernen — lernen, wo zu lernen ist. Giebt's Krieg — hoho — da bin ich gleich bekannt. Bleibt's Friede — je nun, so muß mir doch mein ganzer ehrlicher Wille so zu Statten kommen, und wenn der General uns ansieht, so aus den Augen blitzen, daß er gezwungen wird, dem Könige zu sagen: „Ew. Majestät, da sehen Sie den Kerl, so hat das Regiment keinen mehr!“ Lassen Sie mich machen, Papa! — Die Bauern sollen sich bey meinem Namen noch oft genug einen Rausch antrinken.

Seefeld. Und wenn ich dann einst lese — „Da und da ward der brave Seefeld zusammen gehauen?“

Heinrich. Ey habe ich denn darum nicht alles das gewollt, was ich jetzt sage?

Seefeld. In Gottes Namen denn! du mein Letztgeborner streite für dein Vaterland und deinen guten König. In Sieg, in Tod und Ehre hast du deines Vaters Segen — Amen.

Heinrich. Vater — ich kann nicht weinen — aber die Augen brennen mich, und es wird mir enge auf der Brust. — Ich verspreche es Ihnen in die Hand — ich thue brav.

Seefeld. Und sey menschlich!

Heinrich. Das versteht sich. — Nun sprechen Sie heute noch mit dem Herrn General?

Seefeld. Heute noch.

Heinrich. Jetzt soll es ganz anders gehen, als bey der Grammatik. Ich bin so froh. Bin ich denn nicht gewachsen, seit ich mit Ihnen spreche?

Seefeld. Du bist mehr, als ich geglaubt habe.

Heinrich. Wollen Sie so gut seyn, und es der Mama sagen? Sie setzt die Reden so spitz — dann bin ich kaput. Er geht. Und von nun an darf mich niemand mehr kaput machen. Geht ab.

Siebenter Auftritt.

Herr Seefeld. Rechtler.

Rechtler. Ey, da ist ja der Amicus.

Seefeld. Guten Tag, ehrlicher Rechtler!

Rechtler. Warum drückt ihr mir also die Hand?

Seefeld. Ha!

Rechtler. Die Cholera?

Seefeld. Nicht doch! ich habe eben dem König einen braven Rekruten gegeben — mein Heinrich wird Kavallerist! Der Mensch wird gewiß brav.

Rechtler. Will denn sein Ingenium da hinaus?

Seefeld. Zum Sitzen taugt er nicht, und Feuer hat er — in Gottes Namen denn.

Rechtler. Alpha und Omega — Ja das muß bey jedem menschlichen Unternehmen das Fac totum seyn. Wenn aber der Mensch nicht studieren will, wollte ich, ihr machtet meines gleichen aus ihm; einen Chirurgum, und dann einst mit Gottes Hülfe einen Staabs-Chirurgum.

Seefeld. Lieber Freund —

Rechtler. Keinen bessern Pflug kann man treiben. Nehmet selbst — Dem Menschen ist nichts lieber als das Leben. Hat nicht unser einer, vermöge seines Wissens, quasi den Kapitalschlüssel zur Lebensthür? Ergo —

Seefeld. Das ist ganz gut, aber —

Rechtler. Ganz gut? Sehr gut! Ergo — indem ich Herr und Corrector der menschlichen Gebrechen bin — werde ich nach und nach entweder aus der Patienten Dankbarkeit oder Angst — Herr ihres Willens. Begriffen?

Seefeld. O ja!

Rechtler. Armer Patienten Wille ist — das Himmelreich. Nun, die Assignationes dahin geben einen festen Tritt und guten Schlaf. Reicher Patienten Wunsch und Wille ist — die Zeitlichkeit cum Annexis von Küche, Keller et caetera; wie ich dergleichen reicher Patienten Willen bis in meinen Beutel, Keller und Zimmer leiten kann, und merito vermöge meines Fleißes leite — das besagen meine Capitalia, Fuderfässer und Mobilia — Ergo hätte ich dem Henrico gewünscht, er möge — Lebens-Kapitalschlüsselverwalter — heißt Chirurgus, werden.

Seefeld. Ja, wenn sein Ingenium dahin wollte, hätte ich mir euch zum Führer erbeten.

Rechtler. Hätte mich angeboten. Hm, hm! Amicus! Eurer Kinder Ingenia sind gar besonders geführt.

Seefeld. Das weiß Gott!

Rechtler. Seht ihr's ein? Kommt euch der Glaube? Ich habe es euch oft gepredigt. Salvavi Animam. Da ist der Christianus. Ein feiner Mensch, aber zu fein. Er ist bey mir gewesen.

Seefeld. Wie findet ihr ihn?

Rechtler. Absonderlich. Ich muß sagen, er hat mir zu keiner Zeitkürzung gedient. Auf alle meine Fragen — ja und nein. Keine Descriptiones — keine Deutlichmachung. Mit Einem Wort, er lebt nicht allhier, sondern in Wälschland.

Seefeld. Das fürchte ich.

Rechtler. Mag seyn, daß die Antiken seinen Geist einnehmen, wie er verlauten läßt; aber er hatte mich doch für eine lebendige, nicht berühmte, aber gute Antike ansehen mögen, die ihn noch dazu über die Taufe gehalten hat.

Seefeld. Er hat dich immer lieb gehabt.

Rechtler. Vor meinen Töchtern — die gleichwohl saubere honette Kinder sind — stand er da, schlug die Arme unter, und gähnte; das hat mich geärgert. Und denket doch, der Hektor schien ihn noch zu kennen, er kam unter dem Ofen hervor — der alte Hektor, und wedelte ihn freundlich an — er aber wußte nichts mehr von ihm, und hat ihn doch viel hundertmal lassen über den Stock springen.

Seefeld. Ja ja, seine Reisen haben den Kopf bereichert, aber sonst —

Rechtler. Was soll er nun hier bey uns prakticiren?

Seefeld. Davon ist die Rede.

Rechtler. Wollt ihr meinen Rath haben? Ich ließe das träge Roß brav im Sandfelde traben, id est: scharf und viel arbeiten. Ich würde ihm sagen — „Mi Fili Christiane, du kleidest deinen Leib, du deckest deinen Tisch von nun an selbst. Es ist nicht vonnöthen, daß ich es thue, es seye denn, du werdest krank, wovor dich Gott bewahre!“

Seefeld reicht ihm die Hand. Das soll geschehen.

Rechtler. Denn wohin soll es mit euch, Amice? Ihr rafft alle Arbeiten zusammen und quält euch zu Tode, mit Dingen, die nicht in euern Dienst gehören, um Geld zusammen zu scharren, was die Filii vertragen. Das geht nicht mehr. Euer Puls ist ungleich — eure Kräfte nehmen ab — euer Blut war neulich schwarz; also lasset nach. Es wird Abend mit euern Lebenstagen — Setzt euch an die Thüre, sehet in das Weltgetümmel hinaus, und ruhet.

Seefeld. Ich wäre mir es wohl schuldig.

Rechtler. Euch und den Euern. Denket, was ist es doch, wenn einmal an einem heißen Nachmittage zwischen den Aktenstößen euer Leichnam zusammen fiele. Nicht doch! Spannet bey Zeiten aus — und will die junge Welt des Lebens pflegen — so hebe sie den Karren auf und spanne ein. Das wäre so mein freund-heilsamer, medicinisch-christlicher Rath bey der Sache, Amice! reflektiret darauf. Geht. An der Thür begegnet ihm

Achter Auftritt.

Madam Seefeld. Vorige.

Madam Seefeld. Man sucht dich —

Seefeld. Wer?

Madam Seefeld. Der Herr Kanzellist.

Seefeld geht ab.

Neunter Auftritt.

Rechtler. Madam Seefeld.

Madam Seefeld. Nun — kann ich es doch kaum erwarten, bis ich Sie sehe — Was sagen Sie zu meinem Christian?

Rechtler altmodisch höflich. Hm! Eine feine Person!

Madam Seefeld mit Bedeutung. Es hat ihm sehr bey Ihnen gefallen.

Rechtler. Viel Ehre.

Madam Seefeld. Nur zu sehr, denke ich.

Rechtler. Wie so?

Madam Seefeld. Das hübsche Julchen! in Einem weg spricht er von ihr.

Rechtler. Das sollte ich kaum meinen.

Madam Seefeld. Ja, es ist sehr begreiflich, daß ein junger Mensch von ihrem interessanten Wesen sich schnell eingenommen fühlt.

Rechtler. Nun, ich muß sagen, das Kind ist bey Gott und Menschen beliebt.

Madam Seefeld. Sie haben ihr eine treffliche Erziehung gegeben.

Rechtler. Geradeweg. Frische Farbe und ein gutes Herz hat sie von Gott. Gute Haushaltungs-Principia, eine firme Kanzleyhand, eine vernehmliche Lesart hat sie von mir. — Nun stehe ich denn da, und warte den Käufer ab, der mir Waare abnehmen wird.

Madam Seefeld. Da möchten Sie wohl nicht lange warten dürfen, wenn's nur darauf ankäme.

Rechtler. Nun freylich ist mir nicht jeder Käufer recht.

Madam Seefeld. Ach, ich habe lange eine Lieblingsidee gehegt — gerade heraus gesprochen, gerader Mann — Was würden Sie wohl von meinem Christian sagen?

Rechtler. Als Käufer?

Madam Seefeld. Als Sohn.

Rechtler. Könnte ihn nicht acceptiren.

Madam Seefeld erstaunt. Nicht?

Rechtler. Ich habe darüber meine besondern Ideas. Die sich so viel mit den Statüen abgeben — haben kuriose Einfälle, die denn, ab und an, wunderliche Principia veranlassen; aus denen nicht ein antiquer sondern ein moderner Ehestand folgt.

Madam Seefeld. Haben Sie sonst keine Einwendung?

Rechtler. Mein Kind geht geradeweg, weiß nicht auszubiegen, und die Weltmänner wollen fein gefaßt seyn.

Madam Seefeld. Darüber seyn Sie ruhig. Darüber —

Rechtler. Habe ich absonderliche Experimenta gemacht. Dann wollte ich wohl, es käme so ein wohlhabender Pachter, oder deß etwas.

Madam Seefeld. Das ist eine Grille.

Rechtler. Jede Frucht will in ein Land gesetzt seyn, wo sie gedeihen kann. Sollte ich aus unserer Stadt dem Mädchen einen Mann suchen? Nein! unsere Stadt hat keine Jugend.

Madam Seefeld. Wie soll ich das verstehen? bey der Menge junger Leute?

Rechtler. Junge Leute? Jung nach dem Taufschein, aber uralt an Lebenskräften; und die Seele geht mit dem Körper.

Madam Seefeld. Das ist wahr, aber —

Rechtler. Ja, ja! Ich entsetze mich manchmal, wenn ich so meine Pfeife rauche, und sehe diese Wesen in anderthalb Elle Tuch geschnürt, auf den unsichern Knöchelchen über die Gasse hin stolpern! Das wäre denn allenfalls Schickung. Aber quoad intus — innerlich — ist's noch gräßlicher. Es sind Büchermännchen — ohne eigene Gedanken und Willen. Einen schönen Morgen gähnen sie an, und wenn ihnen ein hübsches Mädchen vor die zwey gläsernen Auxiliaraugen kommt, — gehen ihnen die Augen über. Sie spenden dumme giftige Reden an sie aus — und schlafen ein über ihrem bösen Willen. Nun frage ich, was mag doch ein wackeres Mädchen mit so einem Titularmann anfangen?

Madam Seefeld kaum an sich haltend. Und so, wie Sie da einen Menschen beschreiben, so finden Sie meinen Christian?

Rechtler. Was das Böse anlangt, — konnte ich es zur Zeit noch nicht von ihm sagen; aber was das Langweilige anlangen will, allerdings. Dann — Sie nehmen's nicht übel, hat der Christianus keinen festen Fuß in der Welt.

Madam Seefeld. Was heißt das?

Rechtler. Keine Bestimmung für Kleidung, Nahrung und Wohnung. Sein Wissen ist eines reichen Mannes Wissen. Lebte er von meiner Tochter Gelde, so könnte das Mädchen einen Uebermuth bekommen, und alles, was ich so schön gezogen habe, könnte in einen wilden Auswuchs übergehen. Mithin lassen wir die Gedanken fahren.

Madam Seefeld. Allerdings! wenn Sie die Mamsell Tochter weggeworfen glauben.

Rechtler. Ich hoffe, Sie sollen deshalb keinen bösen Animum gegen mich und mein Julchen hegen.

Madam Seefeld kurz. Ganz und gar nicht.

Rechtler. Es wäre mir leid, wenn mir derohalben bey meinem alten guten Freunde das Pfeifen in der Abendstunde nicht sollte vergönnt werden, denn ich bin ein wahrer Freund von dem alten Knaben.

Madam Seefeld. O, das haben Sie bewiesen.

Rechtler. Möchte es in Procinctu beweisen, wenn Sie mich sonder Heftigkeit anhören wollten.

Madam Seefeld. O reden Sie nur!

Rechtler. War wirklich schon vorhin deßhalb hier — Das Kind, die Sophie, ihre Tochter ist ein scharmantes Mädchen.

Madam Seefeld. Hat etwa dieß junge Mädchen auch keine Jugend?

Rechtler. Omnino, habet! Eine frische, tugendhafte Jugend; das sehe ich denn nicht allein.

Madam Seefeld. Sehr vermuthlich.

Rechtler. Das sieht auch der Kanzellist Schmidt.

Madam Seefeld. Was ist das?

Rechtler. Und mag es sehen, denn —

Madam Seefeld. Sehen? O ja; aber das ist auch alles.

Rechtler. Denn er ist ein Ehrenmann. Aber ich merke Geheimniß in der Sache, als —

Madam Seefeld heftig. Geheimniß?

Rechtler. Als heimliche Promenaden und Briefchen —

Madam Seefeld. Wissen Sie das gewiß?

Rechtler. Derohalben, da ich nicht weiß, ob es Dero Plan mit sich bringt, warne ich vor Schaden, da das Feuer noch möchte zu löschen seyn.

Madam Seefeld. Zu löschen? Zu vertilgen bis auf den letzten Rest, der Feuer nähren könnte! Sie schellt mit Heftigkeit dreymal hinter einander.

Rechtler. Was soll das geben?

Madam Seefeld. Löschanstalten.

Zehnter Auftritt.

Henriette. Vorige.

Madam Seefeld. Ruf Sophien, gleich den Augenblick.

Henriette geht ab.

Rechtler. Mit dem Sturmläuten wecken Sie meinen alten Freund.

Madam Seefeld. Ich will ihn wecken, er soll sehen und hören.

Rechtler. Und den Tod davon tragen?

Madam Seefeld. Ungerathenes, verächtliches Mädchen!

Rechtler. Verächtlich? das ist sie nicht. Wenn das ein Anderer von ihr sagte, dem wollte ich einen besseren Begriff inoculiren. Ich habe Ihren Mann nicht alteriren wollen, wende mich deshalb an Sie, und Sie —

Madam Seefeld. Ganz recht. Ich weiß, was zu thun ist.

Rechtler. Hm! — Ich an meines alten Freundes Stelle würde längst gewußt haben, was zu thun wäre. Daß er es nicht thut, rührt ex nimia Nervorum Sensibilitate. Da hilft aber weder Eisenfeile, noch Schwalbacher Wasser, wenn anderwärts her ein verderbtes Morale diesen Kräften entgegen strebt. Geht ab.

Madam Seefeld. Alberner Quacksalber!

Eilfter Auftritt.

Herr Seefeld. Schmidt. Madam Seefeld.

Seefeld. Herr Schmidt ist aufgefordert, mir eine Nachricht zu geben, die mich sehr beugt, und alle unsere Aufmerksamkeit fordert, um klug und gerecht zu handeln.

Schmidt. Ich mache Ihnen Kummer, das thut meinem Herzen weh. — Ich habe nur die Beruhigung dabey, Ihnen größeren Kummer verhütet zu haben.

Seefeld. Er wendete sich oft an Ludwig, der ihn mit Spott lohnte.

Madam Seefeld. Was ist mit Ludwig?

Seefeld. Ein gutes armes Mädchen wird das Opfer seiner — ach, ich entschuldige ihn, wenn ich sage, seiner Leidenschaft.

Madam Seefeld. Die Geschichte weiß ich.

Seefeld. Die weißt du?

Madam Seefeld. Von seiner Aufrichtigkeit, seinem kindlichen Vertrauen. Sie ist abgethan Aber was du nicht weißt —

Schmidt. Nein, Madam, sie ist nicht abgethan; und gerade deswegen hielt ich es für Pflicht —

Madam Seefeld. Pflicht? Mein Herr Schmidt, blähen Sie Sich nicht mit moralischen Vortrefflichkeiten. Das Wort Pflicht ist mir verächtlich in Ihrem Munde.

Schmidt betroffen. Madam —

Seefeld heftig. Was ist das?

Zwölfter Auftritt.

Vorige. Sophie.

Madam Seefeld. Frag deine Tochter.

Schmidt bittend. O, Madam!

Madam Seefeld. Wo gehen Sie promeniren, Mamsell, wenn Herr Schmidt sich avanturiret, Sie zu begleiten; und was ist der Inhalt Ihrer geheimen Briefe?

Sophie zitternd Daß — wir uns lieben, daß wir unglücklich sind, daß das Schicksal uns trennen wird —

Madam Seefeld. Dafür stehe ich.

Sophie. Daß wir Beide unglücklich seyn werden; daß wir uns dann nie mehr sehen, und jedes für das andere beten und weinen wollen.

Seefeld. Wie, mein Herr! so konnten Sie mein Vertrauen mißbrauchen, mit offener Stirne mir gegenüber stehen, und den Mann ansehen, dessen Tochter Sie unglücklich machen wollen?

Schmidt. Meine Armuth würde sie unglücklich machen, mein Herz nicht. Madam, ich bekenne mich strafbar, daß ich in meiner geringeren Lage es wagen konnte, Ihrer würdigen Tochter Liebe zu bekennen. Zu Herr Seefeld. Ach, hätten Sie vollenden lassen; alles wollte ich Ihnen gestehen. Sie sind ein gerechter Mann. In Ihres Sohnes Sache werden Sie für das arme Mädchen entscheiden, Sie müssen es. Dann würden Sie auch hier der Armuth Leidenschaft nachgesehen haben — der Armuth und der Tugend. Ja, ich bin ein guter Sohn, ich arbeite mit allen Kräften — uns trennt der Rang und das Vorurtheil. Zu Madam Seefeld. Ich bekenne, daß es sehr schwer ist, sich darüber wegzusetzen. Räumen Sie ein, daß die Strafe, deshalb den Gedanken an eine glückliche Stunde auf Erden aufgeben zu müssen — das Vergehen sehr hart bestraft — daß ich arm bin, und ein Herz habe. Will gehen.

Sophie. Bleiben Sie. Vater — Mutter! Wollen Sie das Herz, was nicht mehr mein ist, einem reichen Wollüstling schenken, und es einem edlen Manne nehmen? Er ist nicht reich — Wenn ich nun jedem bessern Verhältnisse entsage?

Madam Seefeld. Das steht nicht in deiner Macht.

Sophie. Wenn ich nun kein glänzenderes Glück kenne, — als geliebt zu seyn? Wenn ich froh, dankbar und reich bin? zufrieden mit dem, was sein Fleiß mir erwerben kann? — Soll ich denn für die ganze Zeit meines Lebens keine Stimme haben? Keine Stimme für die Zeit, wo ich nicht den Trost habe, unter Ihren Augen zu leben?

Madam Seefeld wüthend. Das kannst du hören?

Seefeld. Eine leidenschaftliche Liebe macht selten glücklich, das ist gewiß. Darum thue ich für jetzt der Sache schlechterdings Einhalt.

Madam Seefeld. Für jetzt? Für immer, für ewig!

Schmidt. Vergeben Sie mir — Das Haus betrete ich übrigens nicht eher wieder, als bis auf Ihren Befehl. Geht ab.

Dreyzehnter Auftritt.

Vorige, ohne Schmidt.

Madam Seefeld. So läßt du ihn gehen? Mehr soll er seine Nichtswürdigkeit, seine Frechheit nicht fühlen?

Seefeld. Ach!

Madam Seefeld. Und das saubere — „für jetzt“; welche männliche Würde, welches Ehrgefühl!

Seefeld. Ach! trage ich nicht genug an dem Vatergefühl, von meinem Kinde hintergangen zu seyn?

Madam Seefeld. Was ließ sich von der je anders erwarten?

Sophie. Nein, das Urtheil sprechen Sie nicht über mich, mein Vater. Ich lebte still und einfach für mich hin, suchte Ihnen Freude zu machen, wo ich konnte, war stolz, wenn ein freundlicher Blick mich lohnte, und klagte es nur dem blauen Himmel, wenn ich verkannt wurde. Nein, das Urtheil sprechen Sie nicht über mich.

Seefeld. Ich spreche es auch nicht.

Madam Seefeld. Nicht? nicht?

Seefeld. Bey ihr ist Uebereilung und kränkendes Geheimniß — bey Ludwig — Verbrechen! Ihre Ehe hindert die Armuth, Ludwigs Ehe das Laster! Diese kann ich bedauern, jenen muß ich verachten.

Madam Seefeld. Ludwigs Ehe? was soll das bedeuten?

Seefeld. Die Genugthuung, die er einem tugendhaften Bürgermädchen schuldig ist — und die er ihr, wenn sie tugendhaft ist, geben soll, oder mein Angesicht meiden auf ewig.

Madam Seefeld. Nun und in Ewigkeit nicht —

Seefeld. Sie hat einen Vater —

Madam Seefeld. Sie ist mit allen ihren Ansprüchen abgekauft.

Seefeld. Kannst du die Thränen einer verzweifelnden Mutter abkaufen? — das Recht eines Kindes auf seinen Vater? den Fluch eines grauen, alten Vaters, der an dieser Tochter seine einzige Freude hatte? — Kannst du ruhig seyn, wenn alles, was in der Natur ehrwürdig und heilig ist, seine laute Stimme gegen dich erhebt? — Wenn du das kannst, so weiß ich den Undank, die Kälte und den Hohn meiner Kinder zu erklären. — Dein Werk ist es — und meiner Kinder Unglück die Frucht deines heillosen Stolzes, den Gott dir vergeben mag.

Sophie. O, lieber Vater!

Madam Seefeld. Nun, so reiß deine Kinder herab von Stufe zu Stufe in die Klasse der Tagelöhner. Laß sie mit Schreibern ihr Glück machen, und alle Aussichten aufopfern an eine gemeine Dirne. Würdige deine Frau herab vor ihren Augen, schaffe deiner Kinder Unrecht zum Recht um, und sey stolz auf die hohe Tugend deiner Popularität. Mir aber muthe nicht zu, Zeuge eines verkehrten Verstandes, eines bösen Willens zu seyn. Laß mich fort. Thue was du willst, und häufe die Verantwortung auf dein Gewissen!

Sophie wirft sich zu ihren Füßen. Mutter! gehen Sie nicht — Vater! um Gottes willen! Die Mutter macht sich los und geht ab.

Seefeld. Habe es nicht gehört, mein Kind, was hier vorging — vergiß es und laß mich im Sturme meine Arme nach dir ausbreiten!

Sophie umarmt ihn. Mein Vater!

Vierter Aufzug.

Erster Auftritt.

Johann. Hernach Ludwig.

Johann. Mir aufzusagen? Mir? Mir zuerst? Ich überlebe es nicht.

Ludwig kommt. Was hast du?

Johann. Sie haben es gewußt, daß ich den Abschied kriegen soll; Sie hätten mich warnen können. Sie sind Schuld daran. Ich kann es nicht vergessen, es stößt mir das Herz ab.

Ludwig. Was ist denn? Du kannst jeden Augenblick einen bessern Dienst haben, als der war.

Johann. Das weiß ich lange. Aber die Hoffnung, einen Hofdienst zu kriegen, das Mädchen — und die will mich auch nicht. Der alte Vater hat mich so aus dem Hause geschoben, daß ich den Hals fast gebrochen habe.

Ludwig kalt. Hast du denn jemals im Ernste an das Mädchen gedacht?

Johann. Das gilt nun gleich — Bezahlen Sie mich!

Ludwig. Jetzt kann ich nicht.

Johann. Wenn denn?

Ludwig. Wenn — wenn —

Johann. Wenn der jüngste Tag kommt? Genug, ich bin prostituirt vor allen Bedienten, und das soll der alte Herr nicht umsonst gethan haben. Mir ein Vierteljahr zahlen — daß ich nur gleich gehe? Ich gehe, aber ärgern muß ich den Alten. Er soll mir einmal wieder sein rothes Zornpulver einnehmen, oder ich muß ein Gallenfieber haben.

Geht ab.

Ludwig. Insolenter Kerl!

Zweyter Auftritt.

Ludwig. Sophie. Christian.

Sophie. Da bist du ja, Ludwig! — Lieben Brüder, ich bin herzlich bekümmert um das traurige Verhältniß unserer Altern.

Ludwig. Wer ist Schuld daran, als du?

Geht ab.

Dritter Auftritt.

Vorige, ohne Ludwig.

Sophie. Christian, auf dich hoffe ich, auf dich rechne ich. Wende alles an, daß sie besser stehen. Ich bitte dich mit heißen Thränen darum.

Christian. Daß sind verdrießliche Dinge — Was ist denn das für eine Geschichte mit Ludwig und dem Müllersmädchen?

Sophie. Ludwig hat großes Unrecht.

Christian. Er wird sie doch wahrhaftig nicht heirathen sollen?

Sophie. Sagst du das auch? Ich kenne dich nicht mehr —

Christian. Ich kenne euch noch alle. Das phantasirt immer mit seinen Grundsatzen in andern Welten.

Vierter Auftritt.

Vorige. Madam Seefeld.

Madam Seefeld sehr erhitzt. Was sagst du, Christian — wie findest du deinen Vater?

Christian zuckt die Achseln.

Madam Seefeld. Wie gefallen dir seine Plane?

Christian kalt. Was ist darüber zu sagen? Er ist älter geworden. Was mich betrifft, so ist es mir unmöglich, hier zu bleiben. Die Menschen hier sind so kalt, so förmlich solche Geldmenschen, daß man zum Zorn gereitzt wird, wenn man die Augen aufschlägt.

Madam Seefeld. Wenn du nur — Hm! Sie sieht Sophien an. Man kann vor deines Vaters Räthen kein Wort reden.

Sophie geht ab.

Madam Seefeld. Wenn du nur in Rechtlers Hause dich besser benommen hättest. Sein Vermögen —

Christian. Sie ist ein absurdes Mädchen.

Madam Seefeld. Aber ihr Vermögen —

Christian. Und dann hätte ich den alten Kauz als Schwiegerpapa immer auf der Sohle gehabt. In alle Rechnungen hätte er sich gemischt, alle meine Gänge belauscht, jeden Gedanken mit seinem Besserwissen veraccifet — nein, Mama, das ist nichts. Ich gehe niemals wieder hin. Er geht auf und ab

Madam Seefeld. Es trifft alles so widerwärtig zusammen. Wenn du indeß vor der Hand, gleichsam nur nebenher, zu einer Advocatur —

Christian. In keinem Fall.

Madam Seefeld. Nur um etwas —

Christian. Nein! Auch habe ich die Rechtschikanen so gut als vergessen. Wer nun einmal für das Schöne, Große lebendig fühlt — wie taugt er zu einer Brodwissenschaft? Ich warte es ab.

Fünfter Auftritt.

Vorige. Ludwig.

Madam Seefeld. Ludwig, was hast du gemacht? Du hast die Einfalt gehabt, dem Mädchen schriftliche Versprechungen zu geben?

Ludwig. Im Augenblick der Leidenschaft —

Madam Seefeld. Diesen Unverstand werde ich dir niemals vergeben. Unbesonnener Mensch!

Ludwig. Das hat nichts auf sich. Die Ungleichheit verbietet alle Ideen von einer Heirath.

Madam Seefeld. Und wenn es das Volk gar bis zum Prozeß triebe? Wenn nun die Versprechungen gegen uns —

Christian. Die gehören in den Roman. Solche Beylagen entschädigen durch gute Laune den Referenten für die Durchsicht der trockenen Sache.

Sechster Auftritt.

Vorige. Herr Seefeld.

Seefeld. Ludwig! ich bin an der Entscheidung der großen Frage, die mir einen Sohn giebt — oder raubt — Bist du ein ehrlicher Mann, oder ein Schurke?

Madam Seefeld. Wie kann er auf die Frage antworten, da —

Seefeld. Das erwarte ich —

Ludwig. Wenn Ihnen die Glückseligkeit Ihres Sohnes lieb ist, so bestehen Sie nicht auf —

Seefeld. Die Ehrlichkeit meines Sohnes ist seine Glückseligkeit.

Madam Seefeld. Nun gut! Ich will denn einräumen, daß Unrecht in der Sache ist —

Seefeld. So muß es gut gemacht werden. Zu Madam Seefeld Ach, was willst Du wissen? Ich habe das Mädchen gesprochen und den Vater. Es sind ehrliche, arme Leute, in andern Kleidern als wir tragen, aber mit bessern Grundsätzen. Geld macht die Sache nicht gut. Ersatz an Ehre und Liebe macht sie gut — und soll sie gut machen.

Ludwig. Ich gestehe auch, daß ich einst, wenn ich in bessere Verhältnisse trete, schuldig bin, etwas mehr zu thun —

Seefeld. Ich habe die Sache erwogen; mein Herz hat gesprochen. Willst du nicht deine Pflicht thun, können und wollen die Gesetze dich nicht dahin vermögen, so wird von aller unserer Habe ein Drittheil verkauft und ihr zugewendet. Darauf gebe ich mein Ehrenwort.

Christian. Ich glaube nicht, lieber Vater, daß Sie Sich berechtiget glauben werden, zum Nachtheil Ihrer andern Kinder —

Seefeld. Hast du nicht mehr, als dir gebührt?

Christian. Mich dünkt, Sie sollten nach den vorhandenen Kräften und Wirkungskreisen die Antheile bestimmen. Dann würden Sie die

Natur nachahmen, die jedem treibenden Zweige giebt, was er bedarf.

Madam Seefeld. Du hast Heinrich zum Soldaten gemacht, nun bezahlt der König sein Talent, was es gilt; so kannst du nun für die Uebrigen um so mehr thun.

Seefeld. Wie? weil Heinrich nicht mit Trägheit und Uebermuth die Menschen beleidiget, wie ihr, deshalb soll ich ihm nehmen und euch geben? Nimmermehr! Was Einer von euch gekostet hat, soll mit jedem Monate gewissenhaft für ihn zurück gelegt werden.

Ludwig. Nun wahrhaftig! Halb laut zu Madam Seefeld Dann trügen wir wohl auch vortheilhafter die Muskete, als wir die Feder führen.

Seefeld. Wollte Gott!

Madam Seefeld. Das geht zu weit.

Seefeld. Ihr habt ja nichts, als was ich erwerbe — Jeder Heller, den ihr ausgebt, ist ein Theil meiner verlebten Kräfte. Zu Madam Seefeld. Fühlst du denn nicht, daß es grausam ist, wie diese Menschen, meine Kinder — das vertheilen und an sich reißen wollen, was doch ich erwerbe, und erst noch erwerben soll?

Christian. Wir sind Ihre Geschöpfe, und so hat unser Wohl ein Recht auf alles, was Sie sind und haben.

Seefeld zu Ludwig. Und so hat dein Kind ein Recht auf alles, was du bist, was du hast, und auf dich.

Madam Seefeld. Im Namen der gesunden Vernunft! daraus kann nichts werden. Steh von der Grille ab!

Seefeld. Grille? Ich bin da gewesen, ich habe das ehrwürdige Gesicht des Vaters gesehen — er hat mit Angst meine Hand an sein klopfendes Herz gedrückt — Ich habe das schöne, gute Geschöpf, fest an meine Kniee geklammert, die Augen in Thränen schwimmend, um Ehre und Gerechtigkeit rufen — das unschuldige Kind, seine zarte Stimme mit dem Angstgeschrey der Mutter vereinen hören, seine Händchen nach mir ausstrecken sehen — Ich habe mit Vater, Tochter und Kind geweint, daß ihr alle diesen Jammer, alle Ansprüche auf Liebe, Ehre und Natur vergessen, verachten, und mit so einem schlechten, kalten Steine bezahlen wolltet. Er läßt den Ring vor ihre Füße fallen.

Madam Seefeld winkt Christian den Ring aufzunehmen, der ihn ihr giebt. Du hast sehr Unrecht gethan, dieß zurück zu nehmen.

Ludwig. Aber, lieber Vater, lassen Sie doch einige Billigkeit gelten. Fühlen Sie nicht, daß der Sohn des geheimen Sekretärs Seefeld unmöglich eine Müllerstochter heirathen kann?

Seefeld. Wie? glaubst du, daß des Vaters Amt ein Freybrief für des Sohnes Laster seyn kann? Und wenn denn der Rang meiner Stelle dich so hoch gehen macht — was bist Du? Etwas, so lange ich lebe, und wenn ich todt bin — Nichts. Das habt ihr alle wohl nie überlegt?

Madam Seefeld. Du wirst doch nicht —

Seefeld. Vermögen ist nicht da. Wenn ich morgen meine Augen schließe, wenn der Verkauf meiner Sachen eurer Mutter ein kümmerliches Witthum erwirbt — wer seyd dann ihr? — Stolze Bettler. Welchen Stand habt ihr euch dann erträumt? und wo ist ein Rang in der Welt, der Treulosigkeit zur Nothwendigkeit macht?

Madam Seefeld. Mit Einem Worte, dergleichen Schwärmereyen, die deinem Alter wenig anstehen — passen nicht in die wirkliche Welt. Ludwig hat mein ernstes Verbot, nicht an die Sache zu denken.

Seefeld. Das unglückliche Mädchen und das Kind haben einen Sachwalter angenommen, der —

Madam Seefeld. O, wir werden auch einen zu finden wissen, der —

Seefeld. Wohl! So findet einen auf, der mehr, beredter und liebevoller für das verstoßene Kind handeln kann, als sein Großvater. Geht ab.

Siebenter Auftritt.

Vorige, ohne Herrn Seefeld.

Madam Seefeld. Soll man nicht die Thorheit junger Leute begreifen, wenn man alte Leute so schwärmen sieht?

Christian. Il radotte. Geht ab.

Achter Auftritt.

Madam Seefeld. Ludwig.

Ludwig. Lieber müssen wir alle Heirathsplane aufzugeben scheinen, das Mädchen hinhalten, und dann nach und nach —

Neunter Auftritt.

Vorige. Herr Seefeld.

Seefeld zu Ludwig. Du kennst das Mädchen lange; würdest du mit ihr leben können und zufrieden seyn, wenn sie z. B. die Tochter eines geheimen Sekretärs wäre?

Ludwig. Allerdings! wenn Stand und Vermögen —

Seefeld geht hinaus. Genug, genug! Geht ab.

Zehnter Auftritt.

Madam Seefeld. Ludwig.

Madam Seefeld. Er sieht und hört nichts anders, als das.

Eilfter Auftritt.

Vorige. Henriette.

Henriette. Ach, Madam! — da ist des Herrn Kanzellist Schmidt seine Frau Mutter, die Madam Schmidt, und will —

Madam Seefeld schnell. Solche Leute sind keine „Frau Mutter und Madam." Das ist die Frau Schmidt. Was will sie?

Henriette. Der Madam ihre ganz gehorsamste Aufwartung machen, wenn es erlaubt wäre.

Ludwig. Die wird für den Herrn Sohn eine Jeremiade anstellen, da bin ich überflüssig. Geht ab.

Madam Seefeld. Der kann ich die Ladung geben, die dem Herrn Sohne gehört hätte. Sie mag kommen.

Henriette geht ab.

Zwölfter Auftritt.

Madam Seefeld allein.

Ach — ich bin ermüdet! So viele — so hohe Plane, so kleine Hindernisse, und doch so unüberwindliche!

Dreyzehnter Auftritt.

Madam Seefeld. Frau Schmidt.

Frau Schmidt. Ihre Dienerin, meine hochzuverehrende Frau geheime Sekretärin.

Madam Seefeld. — Sie sind vom seligen Bauverwalter Schmidt die Hinterlassene?

Frau Schmidt. Wittwe? aufzuwarten, ja!

Madam Seefeld. Was führt Sie zu mir?

Frau Schmidt. Mein Sohn, der Kanzelist, wenn Sie es nicht ungütig nehmen wollen.

Madam Seefeld rasch. So muß ich Sie ersuchen, keine Fürbitte einzulegen, denn —

Frau Schmidt. Das wollte ich denn auch nicht. Denn von seiner ersten Schule an ist das niemals nöthig gewesen. Wofür ich denn dem lieben Gott nicht genug danken kann.

Madam Seefeld. Und was wollen Sie denn?

Frau Schmidt. Ich komme schon dazu. Uph! — Der Weg ist ein bischen weit von uns hierher, und ich bin denn etwas mit dem Schwindel behaftet. Sie nehmen es nicht für ungut, wenn ich mich ein wenig niederlasse. Sie holt sich einen Stuhl.

Madam Seefeld. Nach Ihrem Gefallen.

Frau Schmidt. Wissen Sie wohl, daß mein armer Karl nicht einen Bissen gegessen hat?

Madam Seefeld. Wissen Sie —

Frau Schmidt. Und daß er schon lange nicht mehr so frisch ist, wie er sonst war?

Madam Seefeld. Das mag er mit sich ausmachen.

Frau Schmidt. Das macht die Liebe —

Madam Seefeld. Er soll die Liebe aufgeben, und sich besser befinden.

Frau Schmidt steht auf. Wollen Sich denn die Frau geheime Sekretärin nicht auch setzen?

Madam Seefeld. Ich bin recht gut so.

Frau Schmidt setzt sich wieder. Nun, nun! aufgeben, ja, das haben Sie ja wohl gesprochen. Das habe ich ihm schon hundertmal gesagt.

„Mutter,“ antwortet er mir allemal, „das wäre mein Tod“ Hören Sie wohl an, mein Tod!

Madam Seefeld. Er wird es doch müssen!

Frau Schmidt. Mit ihm stirbt mir die ganze Welt ab Es ist ein aparter Mensch. Gut — herzgut und fleißig — das weiß der Herr Liebste; und Sie wohl auch.

Madam Seefeld. O ja, aber —

Frau Schmidt. Nun! ehrlicher Leute Kind ist er auch. Mein seliger Schmidt war beliebt bey Hohen und Niedern.

Madam Seefeld. Und was soll daraus folgen?

Frau Schmidt. Daß Sie Sich das zu Herzen gehen ließen, und sagten ein Wörtchen, was den guten Karl wieder so frisch machte, daß ihm meine Kost wieder zur Gesundheit und zum Vergnügen gereichen könnte. Steht auf. Was meinen Sie wohl?

Madam Seefeld heftig und stolz. Daß ich zuverlässig das Wörtchen niemals sprechen werde. Denn es ist ein wenig ein Unterschied unter uns.

Frau Schmidt. Ein Unterschied? — Ich will Ihnen über den Unterschied meine einfältige Meinung von Herzen weg sagen, als —

Madam Seefeld. Das kann ich mir schon selbst sagen, also —

Frau Schmidt. Erlauben Sie! man muß hübsch die Leute anhören. Es ist schon mancher Faden Garn durch meine Hand, manche Thräne aus meinem Auge gegangen, und viele brave Leute haben mich schon angehört. Als mein Karl noch der gnädigen Fräulein von Lembrand Zeichenstunden gab, da sprach der Mensch immer von ihrer Schönheit. „Karl,“ sagte ich damals, „gieb die Stunde auf, du schliessest das gnädige Fräulein in dein Herz und das geht nicht; denn das Sprichwort sagt — Schuster bleib bey deinem Leisten;“ und er hat sie denn auch aufgegeben. Aber als er nun anfing, die Mamsell Sophie so lieb zu haben, so habe ich bey mir gedacht: „es sind wohl feine Leute, die Seefeldische Familie, und haben's weiter gebracht als du, aber Adeliches haben wir doch alle beide nichts an uns, also ist das wohl Gottes Schickung so; lass' es denn gehen.“

Madam Seefeld. Da haben Sie sehr unrecht gedacht; denn Sie müssen wissen —

Frau Schmidt. Warum, meine Frau geheime Sekretärin? Großes Vermögen soll nicht da seyn, das ist Stadtkündig; also geht er nicht nach Gelde, er geht nach ihrer werthen Person. Seine Stelle trägt so viel, daß sie sauber wohnen, Sonntags ihren Braten auf dem Tische haben, ein feines Kleid zum Kirchengange tragen, und noch ein funfzig Thälerchen auf schwere Zeiten jährlich hinlegen können. Ein wohlgemachter Mann ist mein

Karl, er weiß den Mund zu brauchen, — er bläst die Flöte — er wird gerne gesehen, wo er an eine Thüre klopft, seine Frau wird er in Ehren halten; ey — was können Sie mehr verlangen?

Madam Seefeld. Meine gute Frau, so wie Sie die Sache versteht —

Frau Schmidt. Einen Bräutigam haben Sie nicht, der sich für das Kind schickt. Denn dem alten Räder, dem häßlichen Manne, der seit zehn Jahren in keine Kirche geht, und alle Wochen ein paarmal des Nachts die Apotheker aufwecken lassen muß, dem werden Sie doch nicht das frische, schöne Kind noch an's Grab hinstellen wollen? Nun, und von unsern jungen Leuten in hohem Amte, da kommt keiner, die sehen nach den Geldsäcken, das glauben Sie mir. Also —

Madam Seefeld. Frau Schmidt, Sie wird unartig, weiß Sie das?

Frau Schmidt. Ist es denn nicht die Wahrheit? Und nun nehmen Sie noch das große Kapital, was er mit in den Ehestand bringt — meine treue Fürbitte und meinen Segen.

Madam Seefeld. Es ist mir lieb, daß er den verdient; allein Sie begreifen doch, daß ich deswegen nicht meine Tochter an einen Kanzellisten geben kann?

Frau Schmidt. Hm! Der Kanzellist und der Rath, sie dienen Einem Herrn, und manchmal ist mir es lieber, daß er nur abschreibt, was Andere dichten und trachten, als wenn er es machte; dabey bleibt das Gewissen fein unbeschwert.

Madam Seefeld. Und der Kopf auch.

Frau Schmidt. Frau! — mein Sohn hat einen guten Kopf und ein gutes, zu gutes Herz; Sich nicht mehr halten könnend. sonst wäre mein Garten auch noch mein.

Madam Seefeld. Was soll das heißen?

Frau Schmidt. Heraus ist es. — Daß sich der Herr Rath, Ihr Sohn, von meinem Widerpart die Relation hat bezahlen lassen, wodurch ich den Garten verloren habe. Das soll's heißen!

Madam Seefeld. Soll ich Leute rufen?

Frau Schmidt. Das wissen wir gewiß. Und ich habe es angeben wollen, daß um loser Händel willen mein Bißchen Erde verthan ist; der Karl hat es nur nicht gewollt. „Es bringt dem Alten den Tod," sagte er. Nun, ich habe es versprochen, daß ich nicht klagen wollte. Nun machen Sie das Unrecht hübsch wieder gut, so mag meinetwegen die Rechnung aufgehen.

Madam Seefeld verbissen. Ich werde mit meinem Sohne sprechen. Ist es aber nicht, und es ist gewiß nicht — so seyn Sie versichert —

Frau Schmidt. Ja ja, es ist so! Ich meine aber, das wäre doch brav von dem Karl. Es fiel mir nur so bey, wegen des Unterschieds. Also?

Madam Seefeld. Reden Sie nicht mehr von der Heirath; daran ist ein für allemal nicht zu denken. Wegen des Gartens — reden wir noch; aber an die Heirath ist nicht zu denken.

Frau Schmidt. Ey denken Sie nur! wenn wir da unten liegen, und das Gras steht über uns — was hat es dann geholfen, daß Sie um ein Bißchen Unterschied zwey schöne junge Leute so gedrängt haben? Dann treten sie hin an Ihren Grabstein, und sehen sich in der Welt um, und denken: „es ist auch gut, daß du abmarschirt bist!“

Madam Seefeld. Ich glaube, daß sie das jetzt schon denken, und sie mögen es.

Frau Schmidt. Es ist also gar nicht möglich?

Madam Seefeld. Gar nicht.

Frau Schmidt. Nun so will ich mich nach Hause machen. Ich habe meine Sache vorgestellt. Betteln kann ich nicht. Gott wird meinem Karl andere Gedanken geben. Ich empfehle mich, Frau geheime Sekretärin! Nur bitte ich, daß es mein Sohn nicht erfährt, daß ich hier war. Sie geht. Noch eins — Ich glaube, daß ich das Hinderniß mache. Ich trage mich nach der alten Welt, und meinen Händen sieht man freylich die Hausarbeit an. Wenn das wäre, so will ich hinten hinaus wohnen, wenn junge Leute kommen, nicht dabey seyn, und niemals mit ausgehen. Ich will mich schon in Küche und Kammer herum tummeln, daß etwas vorgearbeitet wird.

Madam Seefeld. Liebe Frau, es kann nicht seyn; quäle Sie mich nicht.

Frau Schmidt. Nun, so leben Sie denn wohl! Auf Wiedersehen im Himmel. Auf der Welt sehen wir uns nicht wieder. Gott befohlen, Frau geheime Sekretärin! Sie geht mit altmodischen Verbeugungen ab.

Vierzehnter Auftritt.

Rechtler. Herr Seefeld. Madam Seefeld.

Rechtler, indem Frau Schmidt heraus geht. Ey, sieh da, die Frau Schmidt? — Die marschirt auch noch durch Gottes und meine Hülfe umher! Wie geht der Puls? Ihr nach: nur mit dem Pulver fortgefahren — und keinen Kaffee! Er kommt vor. Denn eher mag man das Unkraut vom Boden rotten, als den braunen Gift von den Tischen der Weiber. Ich bleibe bey meiner Lebensweise. Um fünf Uhr auf — dann ein Glas Wasser, den Morgensegen, rasirt, gekleidet, dann meinen Wachholdertrank, und nun frisch durch die ganze Stadt, Trepp' auf und ab. Dagegen will ich noch vier

Minuten lang ein Glas ganz voll Wasser, den Arm von mir gestreckt, in die Luft hinaus halten, ohne daß ein Tropfen verschüttet wird.

Seefeld. Gott erhalte euch so.

Rechtler. Vom Kaffee kommen zitternde Nerven, wallendes Blut; von diesem ungewisse Menschen, ungewisse Handlungen. Ich sage und behaupte, der Kaffee — est pestis generis humani. Davon mit habt ihr so ein wankendes cholerisches Wesen. —

Madam Seefeld geht.

Rechtler. Bleiben Sie, ich habe mit Ihnen zu reden.

Madam Seefeld. Und ich mit meinem Sohne Etwas, das mir wichtiger ist, als die Abhandlung über den Kaffee.

Rechtler führt sie zurück. Und ich von Ihrem Sohne. Die Aeußerung über den Kaffee war von Rechts wegen da Der Kaffee stellte die leichten Truppen vor, die den Feind engagiren sollen.

Madam Seefeld. Wo ist der Feind?

Rechtler. Die sämmtliche Seefeldische Familie. Nun richtete ich meine Batterien auf die wankenden Menschen, bey denen die Wallungen des gereitzten Geblüts den moralischen Vesuvium veranlassen, die Eruptiones, oder die verheerenden Handlungen — Jetzt stehen wir bey dem Hauptfeinde, dem Ludovico, lassen ihn aber stehen, observiren ihn, und gehen für dießmal über ad patrem, zu dem Vater — welcher zuerst das Gewehr gestreckt hat — Der alte Freund will, daß der Sohn Ludwig die Müllerstochter heirathe. Hierzu aber sage ich in der Consultation — nein!

Madam Seefeld freundlich. Nicht wahr?

Seefeld. Freund, du denkst —

Rechtler stark. Nein! — Sintemal es nicht erwiesen ist, ob die Person quaestionis, die Müllerstochter mit dem Ludovico, wenn sie ihn hat, nicht mehr gestraft ist, als wenn sie ihn nicht hat.

Seefeld. Ja ja, ihr mögt Recht haben! Aber wie ist dem Mädchen anders zu helfen? Wie kann ich, der ich —

Rechtler. Est modus in rebus. Mein Visum repertum bringt mit sich, daß in gegenwärtiger schadhafter Sache einem jeden laedirten Theile eher beygesprungen werde, als dem Ludovico. Ja, daß dieser aufgegeben, und an denen Andern, was heilsam ist, versucht werden müsse. Quaeritur: Was denn nun fördersamst dem Mädchen heilsam sey?

Funfzehnter Auftritt.

Vorige. Heinrich.

Heinrich in Kavalleristen-Uniform. Papa — Sie müssen den Johann kommen lassen.

Seefeld. Warum? — Du siehst erhitzt aus. Was ist dir?

Heinrich. Noch halte ich mich auf. Lassen Sie ihn kommen, oder ich stehe für nichts.

Sechszehnter Auftritt

Vorige. Johann.

Johann. Ich bin hier verklagt, da bin ich. O, ich fürchte mich nicht.

Heinrich Er wollte Sie lästern; darüber habe ich ihm nichts thun wollen, denn das kann er nicht. Er sagte, Ludwig wäre ihm Geld schuldig, das ist wohl nicht recht, aber das kann bezahlt werden. Aber er sagte noch Etwas, dafür, behaupte ich, gehört er ins Gefängniß; denn es ist eine gottlose Lüge, die nur so ein Diebsgesicht aufbringen kann Ludwig war nicht da; fort wollte der Kerl, und dabey kann ich's nicht lassen.

Siebzehnter Auftritt.

Vorige. Ludwig.

Heinrich. Ach, da bist du! Nun, Bruder, ich habe mich deiner angenommen. Der Kerl war so dreist, zu vergessen, daß du mein Bruder bist.

Ludwig zu Johann. Deiner Wege, Schurke!

Heinrich. Er sagte, du hättest ein braves Mädchen unglücklich gemacht, und wolltest sie ihm zur Frau geben.

Madam Seefeld. Herr Soldat, mische Er sich nicht in —

Heinrich. Ach, ich habe Ehre gehabt, ehe ich Soldat war. Er sagte, du hättest dir eine verdrehte Relation vom Gegentheil bezahlen lassen, ihm Geld vom Diebshandel gelobt, und nicht gehalten.

Seefeld. Ludwig — Ludwig, heiß' ihn einen Lügner, ich bitte dich um Gottes willen!

Johann. Das kann er nicht, denn es ist wahr Hundert Thaler hat der alte Seelmann für die Relation gegen die Wittwe Schmidt gegeben. Ich habe den Handel gemacht, und fünf und zwanzig Thaler wurden mir versprochen.

Seefeld. Schweigst du? — mußt du schweigen? Du — der du dein Kind verstößest, — das Recht einer armen Wittwe verhandelst — meinen ehrlichen Namen an den Schandpfahl bringst — welches Laster fehlt dir noch? Nimm meinen Fluch für alle.

Ludwig bedeckt das Gesicht und ruft verzweifelnd: Mein Vater!

Seefeld. Das Wort nicht! das Wort nicht! Ich reiße dich aus meinem Herzen, und gebe dich der Mutter, die dich gebildet — gehoben, bethört hat, die an dem nichtswürdigen Sünder ihr Wohlgefallen hat.

Madam Seefeld. Ich nehme dich von deinem Vater an. Ich verabscheue deine Laster, aber ich verzeihe dir das Verbrechen, was deines Vaters Geitz geschaffen hat; und gebe jede Folge deines Vergehens ihm zu verantworten, der nicht die Mittel anwenden wollte, die dein Glück schaffen, deine Tugenden erhalten konnten.

Seefeld. Weil ich keine Erkaufung, keine verächtlichen Wege —

Heinrich. Vater! Fällt ihm um den Hals, Gott vergebe mir Ihren Kummer. In Verzweiflung: Ludwig, für so schlecht hätte ich dich nicht gehalten!

Madam Seefeld. Da, habe nun deinen Helden dort! Plündere diesen vollends aus, und sey stolz auf deine väterliche That.

Seefeld umarmt Heinrich. Ja, du sollst mein Trost und meine Hoffnung seyn. Wenn ich dürftig bin durch mein Weib und deine Brüder, so theile du dein schwarzes Brod mit mir. Aus meinen Augen weg, verblendetes Weib — nimm meinen halben Gehalt, deinen Christian, deinen Ludwig — laß mir diesen und Sophien — mein Angesicht siehst du nimmer wieder. Geht ab.

Madam Seefeld. In Gottes Namen denn — Geht ab.

Rechtler zu Heinrich. Soldat! bewacht mir den Kerl dort! Folgt Herrn Seefeld.

Heinrich packt Johann bey der Brust.

Ludwig bedeckt sich das Gesicht mit dem Tuch.

Fünfter Aufzug.

Erster Auftritt.

Madam Seefeld. Christian.

Madam Seefeld. Ich bin außer mir. So viele fehlgeschlagene Erwartungen — Kummer und Schande, wohin ich mein Auge wende! Aber was machen wir nun, wie nehmen wir uns? Darüber rathe mir!

Christian. Was kann man dabey rathen? Den Kerl, den Bedienten muß man auf gute Art hier wegschaffen.

Madam Seefeld. Richtig! und der Wittwe den Werth des Gartens ersetzen.

Christian. Das finde ich so nöthig eben nicht. Sie weiß ja nichts davon.

Madam Seefeld. So wissen wir es doch. Ach! — und sie wissen's auch.

Christian. Nun, so geben Sie Sophien dem Menschen zur Frau.

Madam Seefeld. Nein! Ich will hergeben, was ich irgend entrathen kann, und wenn es noch fehlt, so rechne ich auf dich.

Christian. Auf mich? Mein Himmel! ich habe ja nichts.

Madam Seefeld. Ja, mein Sohn, deine Antiken, deine Abgüsse, die —

Christian heftig. Wie?

Madam Seefeld. Sie sind dir werth, sie sind mir werth, aber die Ehre ist dir werther.

Christian. Habe ich gefehlt? Ist meine Ehre verletzt?

Madam Seefeld. Die Ehre deines Bruders, deines Namens, deiner Mutter, ihre ganze Hoffnung darnieder gestürzt.

Christian. Was ich mit so viel Mühe gesammelt? Denken Sie nur an die Kosten, die darauf gewendet sind.

Madam Seefeld. War es denn nicht mein Geld? — Soll ich in Noth nicht sagen, was dein ist, ist auch mein?

Christian. Und wer würde sie kaufen?

Madam Seefeld. Der Herr von Gräber — aus Liebhaberey — aus Stolz, aus — Laß das meine Sorge seyn!

Christian. Unter dem Preise?

Madam Seefeld. Wenn auch.

Christian. Vergeben Sie! wenn auch die Auslage Ihre war, so werden Sie doch nicht die Mühe, die Sorge, die tausendfachen Wege — nein, das läßt sich nicht so für einen dummen Streich verschleudern.

Madam Seefeld. Ich habe mir abgedarbt, um dir zu schicken, deines Vaters Laune, Vorwürfe, Zorn und Haß mir zugezogen, ertragen, und immer dabey gedacht: es ist für deinen Sohn, deinen Stolz und deine Hoffnung — Christian, belohne mich, rette uns!

Christian. Mit tausend Freuden, wenn es keine Auskunft mehr gäbe, allein —

Madam Seefeld. Undankbarer Mensch! geh in dich, handle! sonst muß ich dir sagen, du bist — — nein! nein! das war voreilig! Du bist gut, du kämpfest, eine Lieblingsfreude zu verlieren. Der Kampf ist schwer, das ist ja so begreiflich. Aber du wirst siegen. Nicht wahr? Du mußt siegen? — Du sollst uns retten, ich will es, ich befehle es dir.

Christian. Der Papa kann ja noch einmal —

Madam Seefeld. Nein! nein! nein!

Christian. Und die Heirath mit Schmidt —

Madam Seefeld. Nein, sage ich! Ich lasse mich nicht beugen. Nicht vom Schicksale, nicht von der Welt, von meinen Kindern gar nicht. Der Garten wird bezahlt, die Ehre gerettet, die Antiken verkauft — dabey bleibt es. Geht ab.

Zweyter Auftritt.

Vorige. Rechtler.

Rechtler. Man lasse mir den Kanzellisten Schmidt holen.

Madam Seefeld, die umkehrte, als Rechtler kam. Was soll der hier?

Rechtler. Man lasse ihn holen. Oder, Er schellt, besser —

Dritter Auftritt.

Vorige. Henriette.

Rechtler. Der Kanzellist Schmidt soll sogleich geholt werden.

Madam Seefeld. Nein! ich verbiete es. Er wird nicht geholt.

Rechtler. Der Herr zahlt, der Herr befiehlt. Geht Sie jetzt gleich fort, unnütze Mobilie, oder ich führe Sie ab, daß Ihr das Cranium zittert!

Vierter Auftritt.

Vorige, ohne Henriette.

Madam Seefeld. Welches Betragen? Wer bin ich? Was wollen Sie?

Rechtler kalt. Dem Hauptschaden wird ein Verband angelegt, ansonst aber keine erweichenden Mittel gebraucht, sondern alles, was den Brand anzeigt, weggenommen.

Madam Seefeld. Das wollen wir sehen, ungezogener Mann!

Rechtler. Ungezogen? Gezogen! gut gezogen! das danke ich meinem Vater – der die Mutter davon ließ, und christliche Lehren, den Baculum, Fleiß und eine mäßige Ergetzlichkeit sonder genialischen Wesen vernünftig applicirte. Was will ich? Ist alles zu viel Geschwätz — Ihre Sentenz ist die: „aller eigene Wille in minutissimis sogar kassirt und gebrochen, und kein Wort vergönnt, als Rückkehr zu dem alten Freunde, mit den deutlichen Worten — Pater peccavi, zu deutsch — vergieb mir Unverstand und Hochmuth.“ Jetzt mit dem Aeltesten ad rem.

Madam Seefeld. Ehe Sie das erleben, sehen Sie mich todt. Geht ab.

Rechtler ihr nach. So fahre hin, du böser Geist!

Fünfter Auftritt.

Rechtler. Christian.

Rechtler. Freund Christianus! ich will verhoffen, Sie haben auf Dero kostbaren Reisen nicht nur Statuas, sondern auch Menschen beobachtet, deren Fata, und wie es wunderlich und mühselig auf der Welt hergeht, ehe man das Feuer auf eigenem Herde brennen lassen kann, gesehen und zu Herzen genommen; mithin erwarte ich hier am allerwenigsten Impedimenta zu finden.

Christian. Was ist die Sache?

Rechtler. Sie müssen rüstig arbeiten, und das alsobald. Denn wer nicht arbeitet, soll auch nicht essen.

Christian. Sie werden dabey die Rücksicht haben, daß es nicht so leicht ist, mich in Thätigkeit, die etwas einträgt, zu versetzen, da die Art meines Studiums nicht die allgemeine ist.

Rechtler. So hätte müssen eine andere gewählt werden.

Christian. Und welche? Studiert nicht jeder unberufene Kopf?

Rechtler. So muß der berufene Kopf das Duplum thun, um ad rem zu kommen — oder gar nicht studieren. Ist man kein Kapitalist, so achte ich alles für allotria, was nicht ad rem — heißt — zum Erwerb führt. Indeß, Sie können schreiben, rechnen, zeichnen, Lateinisch, Wälsch —

Christian. Und Englisch —

Rechtler. Dazu Musik und haben die Jura gehört. So hat denn nun der Vater das Seine bey der Sache gethan; jetzt thue es der Sohn. Mein alter Freund soll nicht für Sie herum laufen, von einem Vorzimmer in's andere, und suchen und sorgen. Ihre anderthalb Louisd'or werden eingezogen.

Christian. Eingezogen?

Rechtler. Sie müssen ein mehreres thun, als zu Hause sitzen, den Staub von den heidnischen Götzen kehren, und dem Neroni in's Gesicht sehen. Der Christianus empfängt auf einmal zwey hundert Thaler, behält drey Jahre lang Tisch und Wohnung, sucht aber übrigens seinen Kram auszulegen, wo die Waare am meisten gilt. Nach denen zwey hundert Thalern folgt kein kupferner Heller mehr.

Christian. Und wenn ich indeß nichts finde? Was wird dann? Soll ich dann etwa Schreibemeister werden?

Rechtler. Ja!

Christian. Ich werde mit meinem Vater reden

Rechtler. Ich habe mit ihm geredet. Es findet keine Appellation Statt Ich exequire seinen Spruch, dieweil ich feste Nerven habe.

Christian. Sie müssen erwägen —

Rechtler. Sehen Sie Sich an in einem großen Spiegel. Hier ist Gesundheit, hier ist Wissenschaft. — Erwirbt man nun viel, so hat man viel; kann man nicht viel essen, so ißt man wenig — Die Sache ist abgemacht.

Sechster Auftritt.

Vorige. Sophie.

Sophie. Lieber Herr Rechtler!

Rechtler. Warum weinest du, meine Tochter?

Sophie. Mein Bruder Ludwig wünscht Sie zu sprechen.

Rechtler. Ey nun — ich wünsche nicht, ihn zu sprechen, aber ich muß ihn sprechen. So komme er denn.

Sophie. Seyen Sie gütig mit ihm!

Rechtler. Nein!

Christian. Ich muß sagen, ich finde es sehr sonderbar, daß mein Vater Familiensachen in fremde Hände giebt.

Rechtler. Ist mein Rezept. Der Ludwig komme.

Sophie geht ab.

Rechtler. Wir sind fertig.

Christian. Bis auf die Ausführung. — In dieser schimpflichen Verfassung unseres Hauses halte ich es nicht aus. Geht ab.

Rechtler. Ubi bene, ibi Patria. Feder und Papier, Brot und Wasser giebt's überall.

Siebenter Auftritt.

Rechtler. Ludwig.

Ludwig. Mein Herr, ich habe verschiedentlich verlangt, mit meinem Vater zu reden; es ist mir immer abgeschlagen worden.

Rechtler. Und wird immer abgeschlagen werden.

Ludwig sanft. Habe ich nicht ein Recht —

Rechtler. Ein Recht? Gott bewahre Ihn vor Seinem Recht! Ist es mir doch zuwider, daß ich mit Ihm reden muß; was frommt es dem Vater?

Ludwig. Wie ich auch gefehlt haben mag, so glaube ich doch nicht, daß Sie berechtiget sind —

Rechtler. Nehm' Er selbst. Die meisten unvernünftigen Geschöpfe des Erdbodens gehen vierfüßig darauf herum, oder hängen doch ihr Angesicht zur Erde. Der Mensch geht auf zwey Füßen, und trägt allein sein Haupt ganz aufwärts. Warum? damit man auf seinem Angesichte den Ausdruck eines guten, verständigen Wesens möge lesen können. So ist es. Aber was nutzt das Ihm? Ihm und allen Räthen Seines gleichen wäre es besser, sie gingen auf vier Füßen und hingen das Angesicht zur Erde. Denn solche Malefizgesichter geben einen ärgerlichen Anblick. Wenn Er nun, der die zwey Augen nur mit Gewalt aufheben kann, vor den Vater hintritt, der anders nicht kann, als das schlechte Machwerk mit Thränen betrachten — soll da nicht der Vater ausrufen: „quid juvat aspectus? Hinweg mit dir!“ — Nun, was will Er von mir?

Ludwig. Sie bitten, daß Sie Sich der Sache annehmen — daß Sie mir rathen

Rechtler. Daran sind wir, und die Sentenz wird Ihm notificirt werden.

Achter Auftritt.

Vorige. Heinrich.

Heinrich. Der Kerl ist noch eingesperrt; was wollen Sie mit ihm?

Rechtler. Welcher Kerl?

Heinrich. Johann.

Rechtler. Ich will mit ihm von dem Strick reden, den er verdient hätte.

Heinrich. Hier ist der Schlüssel. Neben dem Keller habe ich ihn in eine Ecke geworfen.

Rechtler. Ihn? Wen?

Heinrich. Den Johann.

Rechtler. So sagt man, „ich habe den Johann in die Ecke geworfen." Nicht, „ich habe ihn geworfen" — Ihn, konnte auch der Schlüssel gemeint seyn, wovon zuvor die Rede war. Man muß sich bestimmt ausdrücken; absonderlich ein Soldat. In einer Ordre macht ein Wort mehr oder weniger einen Unterschied, um den oft Tausende in's Gras beißen — Ich gehe nun zum Johann, und will also vom Schandpfahle mit dem Relationsmakler reden, daß er fasse und schweige.

Geht ab.

Neunter Auftritt.

Ludwig. Heinrich.

Heinrich. Bruder, du dauerst mich.

Ludwig. Behalte dein Mitleid.

Heinrich. Unrecht schafft keine gute Stunde. Du bist nun wohl für das Geld im Lande herum gefahren, hast guten Wein getrunken und gespielt; aber du bist doch unzufrieden. Ich? ich weiß wahrlich nicht, wie eine Stunde von hier das Land aussieht — Aber wenn ich dieselben Wege gehe, die ich schon viel tausendmal gegangen bin, so bin ich darum doch in der Seele vergnügt. Du? Ey ich wette, du hast weder Baum noch Thal so angesehen, daß dir die Brust darum weiter geworden ist.

Zehnter Auftritt.

Vorige. Madam Seefeld.

Madam Seefeld. Bist du hier, mein tapferer Sohn? Welch ein Held, der den ersten Tag, wo er die Uniform trägt, seinen Bruder in's Unglück bringt!

Heinrich. Nun ja, es ist wahr — gerade, weil ich den Ehrenrock zum erstenmale getragen habe — fuhr es mir hart vor den Kopf, daß man von meinem Bruder so sprechen konnte; daß es aber wahr seyn konnte — das hätten Sie so wenig geglaubt, als ich.

Madam Seefeld aus Nachdenken mit einem Seufzer erwachend. Laß uns allein, mein Sohn!

Heinrich. Mein Sohn? Das ist ja gleichsam freundlich gesprochen. Nun, es kommt wohl noch besser. Sie halten was auf Ehre, und da bin ich jetzt eingeschrieben. Geht ab.

Eilfter Auftritt.

Ludwig. Madam Seefeld.

Madam Seefeld. Und du bist ausgestrichen. Lies, was mir eben der Präsident über dich schreibt.

Ludwig liest. Schrecklich!

Madam Seefeld. Man weiß es also. — Der alte Seelmann selbst hat geplaudert. Der Präsident räth dir, deine Entlassung zu nehmen, nicht hier zu bleiben. Mensch! wie hast du meine Erwartungen getäuscht!

Ludwig. Mutter! wie haben Sie meine Erwartungen gespannt!

Madam Seefeld. Habe ich je, von deiner zarten Kindheit an, eine schlechte Handlung dir leicht gemacht?

Ludwig. Nein! aber — aber — — — Auf einmal mit großer Heftigkeit: Ach, es ist gefährlich, wenn man den Leidenschaften als Zügen des Genies schmeichelt.

Madam Seefeld. Leidenschaften habe ich als Stoff der Größe betrachtet.

Ludwig. Und den üppigen Auswuchs als Kraft behandelt.

Madam Seefeld. Ludwig!

Ludwig. Verzeihen Sie, es ist nicht an mir, Ihnen Vorwürfe zu machen. Aber wenn alle Welt mich verachtet, soll ich nicht Ursachen meiner Fehler überall sehen, und sind sie da nicht auch zu finden?

Zwölfter Auftritt.

Vorige. Henriette.

Henriette. Herr von Gräber will gleich kommen, und freut sich sehr, die Sachen zu sehen.

Madam Seefeld. Gut.

Henriette. Herr Schmidt ist da.

Madam Seefeld. Ich will ihn ja nicht. Zwar — ja — Ich will ihm sagen — ach, wenn ich an heute Morgen denke, wo euer Genie mit eurem Herzen noch so hoch stand; wo der Gedanke an einen Vergleich zwischen euch und ihm mir ein Verzehen war, und jetzt —

Ludwig bedeckt sich das Gesicht, und will gehen.

Madam Seefeld. Ludwig — bist du denn gefallen, wie ein Nichtswürdiger? Kommt dir kein Gedanke, kein Mittel in den Sinn, wie du das ändern, gut machen, verdecken willst? Bist du denn so kraftlos, daß du nur seufzen, zanken, oder auf den Boden sehen kannst? Tröste mich durch einen Zug eines entschiedenen Geistes, und eines guten Herzens, daß ich nur irgendwo Licht sehe, und wieder bis zum Hoffen kommen kann.

Ludwig. Auf Träumen stieg ich leicht empor — Ich bin gefallen — der Zauber ist vorüber. Nichts ist, woran ich mich halten, nichts, was mich erheben könnte.

Henriette. Herr Schmidt wartet; was soll ich sagen?

Madam Seefeld. Du mußt ihn sprechen.

Ludwig. Ich? Unmöglich!

Madam Seefeld. Durchaus. Ihm sagen — „du könntest es wohl zu genau mit der Relation genommen haben — auf alle Fälle dauerte dich seine Mutter — Du wolltest den Garten ersetzen “

Ludwig. Kann ich das?

Madam Seefeld. Du mußt es können. Du mußt das, wozu wir gezwungen sind, als — als freyen Willen, einen Zug von Gutmüthigkeit verkaufen. Auf alle Fälle mußt du ihn sprechen. Es setzt dich herab, wenn ich ihm das sage. Betrag dich fein und entschlossen. Zu Henrietten. Führe ihn herein. Geht ab.

Henriette folgt.

Dreyzehnter Auftritt.

Ludwig allein.

Die beste Art mich zu nehmen, wäre — mich aus der Welt zu nehmen.

Vierzehnter Auftritt.

Ludwig. Kanzellist Schmidt.

Ludwig sucht eine Fassung zu erzwingen. Herr Schmidt — ich habe die Reflexion gemacht, daß ich — wohl allenfalls Ihr großer Schuldner seyn könnte.

Schmidt. In der Meinung, die Sie von mir haben? Die Schuld ist abgetragen, wenn Sie mir Gerechtigkeit widerfahren lassen wollen.

Ludwig. Sollten Sie wohl glauben, daß ich unzufrieden über die Relation bin, wodurch Ihre Mutter den Garten verloren haben kann?

Schmidt. O ja; aber diese Sache ist abgethan.

Ludwig. Nicht bey mir. Bey mir wahrlich nicht! — Ich war damals zerstreut — überhäuft mit Geschäften; der richtige Standpunkt, aus dem man solche Sachen sehen sollte, wird dann so leicht verrückt. Ich fürchte ernstlich, einiges übersehen, andere Dinge wieder zu scharf genommen zu haben — Kurz — ich halte mich für schuldig, daß Ihre Mutter den Garten verloren hat — und bitte Sie, nächstens den Ersatz des Werthes in einer Summe, die Sie bestimmen, von mir zu empfangen.

Schmidt. Das kann nicht seyn, Herr Rath!

Ludwig. Wie?

Schmidt. Vorausgesetzt, daß ich für Ihr Verfahren Gefühl habe, verstatten Sie mir eine freundschaftliche Bemerkung. Herr Seefeld! bleiben Sie lieber mein Schuldner, als daß Sie der Welt schuldig bleiben sollten. Ueber diese Sache zwischen uns beiden kann die Welt in Ungewißheit bleiben; nicht so über das Schicksal des guten Mädchens, das Sie auf das grausamste behandelt haben. Retten Sie ihren guten Namen, ihr Herz, und bleiben Sie denn unser Schuldner für bessere Zeiten.

Ludwig erschüttert. Ich kann nichts dagegen aufbringen.

Schmidt. Ich gebe Ihnen das Wort meiner vollen Ueberzeugung, daß ich an Ihnen noch nichts verloren gebe — daß Sie aber von dem Punkte an, wo Sie jetzt stehen — ein ganz vortrefflicher Mann werden müssen — oder ein Ungeheuer.

Ludwig. Schaffen Sie mir Muth.

Schmidt. Seyen Sie gut; und haben Sie das Herz, es zu scheinen.

Ludwig. Mann! bey so viel innerer Kraft — wie haben Sie den gewaltigen Trieb der Menschheit — höher zu wollen — wie haben Sie ihn unterdrücken können?

Schmidt. Ich denke, wenn man auf seiner rechten Stelle steht, so steht man hoch. Sanfte Pflichten haben meine Stelle mir angewiesen; die Ruhe, sie erfüllt zu haben, macht mir alles leicht. —

Ludwig. Ach! ach! warum erhitzt man unser Blut, unsere Eitelkeit, nährt unsere Träume — treibt uns alle — alle auf eine Höhe, wo wir uns drängen, vordrängen, durch Künste zu erhalten meinen, die Frieden und Würde rauben. Guter Mensch! auch Sie sind nicht glücklich — nein, Sie sind es nicht; die Liebe will Sie glücklich machen, der Ehrgeitz trübt Ihren Himmel. Meine Schwester —

Schmidt. Leben Sie wohl!

Ludwig. Und wie wollen Sie leben, was wollen Sie anfangen, wenn meine Schwester nicht die Ihrige wird?

Schmidt gerührt. Arbeiten.

Ludwig. Werden Sie das können?

Schmidt. Meine Mutter und ich müssen leben.

Ludwig. Aber Sie empfinden doch —

Schmidt gerührt O ja!

Ludwig. Wenn es Sie nun überfällt in der Arbeit, wenn Sie es nicht mehr aushalten können?

Schmidt kann kaum die Thränen zurück halten. So lege ich die Feder hin, weine mich recht aus, und arbeite dann wieder weiter.

Ludwig. Und wenn meine Schwester unglücklich wird?

Schmidt trocknet sich die Augen. Dann wird mir das Arbeiten sehr schwer werden.

Ludwig. Diese Ergebung, dieser sanfte Schmerz, das sind herrliche Gefühle. Ach, einst waren sie mir nicht fremd. Daß ich noch einmal anfangen könnte — noch einmal so lieben — so meinen Vater ansehen könnte — so die Natur einathmen, und alle Künstlichkeit abschwören könnte — Das ist vorüber. Reue und Elend bleiben mir übrig. O, meine Mutter! Gott bewahre sie, daß von den Gefühlen dieses Augenblicks nie eine Ahndung über sie komme!

Schmidt. Weg mit dem Vergangenen! Handlungen des entschlossenen Mannes an die Stelle der Ausrufungen!

Ludwig. Auf denn! Worte hätten nichts vermocht; Beyspiel reißt unwiderstehlich hin.

Schmidt. Habe ich das vermocht?

Ludwig umarmt ihn.

Schmidt. Dann ist meiner Mutter Garten nicht verloren, er trägt uns reiche Aerndte. Sie gehen.

Funfzehnter Auftritt.

Vorige. Rechtler begegnet ihnen an der Thüre.

Rechtler. Ach, da sind Sie ja, mein lieber Schmidt! Nun, es wird hier ein braves recipe für die alte Mama verfertiget werden. Zu Ludwig: Den Menschen sehe Er an — welch ein gesundes Herz wohnt in ihm, und verkehrt in seinem Thun und Lassen!

Ludwig. Sein Anblick predigt meinen Unwerth. — Doch liebe ich ihn — Ich sehe mich, wie ich war, und wie ich werden will.

Rechtler ernst. Capirt Er das? oder ist es die Figur der Ironiae?

Schmidt. Der Zustand seiner Seele rührt mich.

Rechtler. Hat der Unglücksregen durchgeweicht? Bene!

Sechszehnter Auftritt.

Vorige. Herr Seefeld. Sophie.

Seefeld. Ihr laßt mich zu lange allein, lieber Freund!

Rechtler. Es will alles seine Zeit haben.

Seefeld strenge Ludwig, was willst du hier?

Ludwig. Ihre Verzeihung — und dann in alle Welt gehen.

Seefeld. Gute Handlungen allein verzeihen die schlechten. Thue, was du kannst. Meine Thränen folgen dir —

Ludwig will reden, Thränen verhindern es; er bedeckt das Gesicht mit dem Tuch und geht ab.

Schmidt bittend. Ist es Ihnen möglich, vortrefflicher Mann, seinen Gemüthszustand zu verkennen?

Seefeld. Lassen wir das — Herr Schmidt, Sie sind ohne Mittel — meine Tochter auch — Sie lieben sich — ich wünsche Ihre Heirath zu stiften.

Schmidt. Mein Gott!

Sophie. Mein Vater —

Seefeld. Ich danke Gott, daß ihr kein Geld habt — Arbeit wird eure Sinne in den Schranken halten, und eure Wünsche. Mittelmäßigkeit, das Gut, was unsere Welt so verächtlich von sich stößt – Mittelmäßigkeit — bürgt für euer Glück. Wo ist Heinrich — ruft ihn doch!

Schmidt geht ab.

Sophie. O mein lieber, guter Vater!

Seefeld. Du hast mich nie betrübt — Das macht meinen Tod sanft — es mache dein Leben leicht.

Siebzehnter Auftritt.

Vorige. Heinrich.

Seefeld. Sophie — Heinrich! nehmt mich in eure Mitte.

Schmidt. Lassen Sie Sich betheuern, mein Vater, mein guter Vater, daß Ihr Sohn Ludwig seine Schuld fühlt.

Seefeld zu Schmidt. Schenkt dir Gott Söhne, junger Mann, und das Weib legt ihre Hand an deren Bildung, so reiß sie zurück; und will sie nicht hören, so reiß sie los von dir, lebe einsam, und rette deine Söhne. Zu Sophien Läßt er sich bethören von deinem Reitz und deinem Dünkel, läßt er Erziehung in deiner Hand allein — so traue dir selbst nicht — nimm deine Kinder, und bring sie lieber in ein Arbeitshaus, ehe sie werden wie Ludwig und Christian — und ihr Beide leiden müßtet, wie ich und mein Weib — euch selbst anklagen müßtet — wie ich und mein Weib, und spät am Grabe von euern Kindern verflucht werden müßtet, wie ich und eure Mutter.

Schmidt. Mein Vater! mein Vater!

Sophie. O Gott!

Rechtler. Mein lieber alter Freund, fasse dich.

Seefeld. Zwey Söhne habe ich jetzt verloren und ein Weib. Schrecklich ist der Augenblick, wo eure Hände zusammen gegeben werden. Ja, er ist schrecklich — so sey er denn lehrreich. Mögen eure Kinder werden, treiben, lernen, was sie wollen — nur lehret sie arbeiten, und nichts scheinen, alles durch sich selbst, ihre Mühe, ihren Fleiß haben und erhalten, und nichts erhalten, was ihnen nicht Mühe kostet. Ihr Beide lebt still, und seyd fleißig. Wenn mir es denn in der ganzen Welt zu enge wird, so lasse ich das arme unglückliche Mädchen mit dem Kinde zu euch gehen, nehme meinen Heinrich an die Hand, und komme zu euch. Da wollen wir denn unter uns seyn — und — ach nein! nein! die Verlornen kann ich doch nicht aus meinem Herzen reißen; ich kann es nicht.

Rechtler heftig. Und das sollt und dürft Ihr auch nicht. Denn am Ende dürft Ihr Euerm Gewissen kein weiches Kissen unterlegen Ihr habt scharf gesündiget. Gott schenkt Euch Bäume in den Garten, und Ihr bindet keine Stangen daneben, und laßt sie lästerlich krumm und schief wachsen! Aus dem Garten werfen dürft Ihr sie darum nicht — schneiden, wo es heilsam ist — wohl — und das — da Ihr eine zaghafte Hand habt — thue ich ja Statt Eurer.

Seefeld. Ist denn noch zu helfen?

Rechtler. Den Ludwig anlangend — da er in sich geht —

Schmidt. Bey Gott! er fühlt sein Vergehen.

Seefeld. Gott vergelte dir den Balsam auf mein wundes Herz!

Rechtler. Den Ludwig will ich einem alten Grafen, der mir das linke Auge verdankt, und der durch mich hier einen Gerichtshalter sucht, empfehlen; den alten Vater seines Mädchens kommen lassen. Sie müssen beide warten, er und das Mädchen. Bleibt sie brav, und wird er brav, dann — fiat. Wo nicht, habeant sibi. Das Kind müßt Ihr christlich erziehen, alter Amicus. Der Christianus — hat seine Sentenz. Der da hat seinen Säbel, und wird ihn führen, daß es Platz wird, wo er ihn in Gottes Namen hin tragt.

Die da — hat ihren Karl — und Ihr, alter Amicus — da habt Ihr auch ein Pülverlein.

Seefeld. Was? Gold? Zwey tausend Thaler? Was thut Ihr?

Rechtler. Omnino! Goldpulver!

Seefeld. Rechtler! Rechtler! was ist das? Was soll das?

Rechtler. Die Sache verhält sich so. Sehr gerührt. Ich habe Euch im Herzen lieb. Bin nun schon neun und zwanzig Jahre alle Tage in's Haus gekommen, habe meine Pfeife geraucht, und in Euerm großen Lehnstuhle die Fata juventutis mit Euch recapitulirt habe manchen frohen und dunkeln Tag mit Euch gelebt. Den Christianum habe ich aus der Taufe gehoben, habe ihm im Testamento ein Legatum zugeschrieben, so er aber nicht verdient. Ich gebe es dir, gieb du es nun, wem du willst, ich kann es entbehren.

Schmidt. Seltner Mann!

Seefeld umarmt ihn. Freund, wie es wenige giebt!

Rechtler macht sich los. Ey, der ist ein rechter Esel, der ein frohes Gesicht beym Leben genießen kann, und contentirt sich mit der Thräne nach dem Tode.

Seefeld. Es gehört euch beiden, Heinrich und Sophien.

Heinrich. Da wären tausend Thaler mein. Heben Sie mir was zur Equipirung auf, das andre gehört der Mama.

Seefeld. Warum?

Heinrich. Es geht ihr so übel, daß sie mich in der Seele dauert.

Sophie. O mein Vater —

Seefeld. Hätte sie ihr Herz sprechen lassen, dem Hochmuth auf ihre Bildung entsagt — wie glücklich könnten wir seyn! Aber, wir sind wohl für einander verloren.

Heinrich. Das weiß ich nicht. Aber daß ihr jemand zusprechen sollte, das weiß ich. Sie hat so geweint, und so fürchterliche Reden gesagt, daß ich eiskalt geworden bin. Es ist ihr aber auch darnach gemacht.

Seefeld. Was denn?

Rechtler. Von wem denn?

Heinrich zu Schmidt. Sie hat Ihnen mit aller Gewalt den Garten bezahlen, deswegen von ihren Sachen weggeben, und die Italienischen Sachen von Christian verkaufen wollen.

Schmidt. Nimmermehr! Will gehen.

Heinrich. Bleiben Sie nur; es ist nichts. Auf einmal läßt Christian die Sachen wegbringen, und sagt ihr, er hätte hier nur noch zwey hundert Thaler zu hoffen, er brauche die Sachen selbst. Nun warf sie ihm alles vor, was sie für ihn gethan hätte, und sich warf sie vieles vor, und sagte, daß sie zum Spott würde, und daß sie so viel gegen Sie gethan, und Ihre Liebe verloren hätte. Christian hat aber immer die Sachen fortbringen lassen, und ist mitgegangen.

Seefeld. Ungeheuer!

Heinrich. Und nun — Ach, sie hat ihr Leben verwünscht. Dreymal hat sie mich umarmt, und reden wollen, und nicht gekonnt; und hat meine Hand fest an ihr Herz gedrückt.

Rechtler. Dem geschlagenen Feinde baue man goldne Brücken — Laß sie kommen!

Heinrich geht schnell hinaus.

Rechtler. Der Christianus aber hat aus dem warmen Italien ein laulichtes Gemüth mitgebracht. Ey, hätte er Statt des Neronis ein Sittenbüchlein erhandelt, was da spricht, „halte Vater und Mutter in Ehren,“ es wäre ihm besser — Nun so heitze ihm denn der Mangel ein, und treibe seine Kräfte.

Achtzehnter Auftritt.

Vorige. Madam Seefeld. Heinrich.

Heinrich. Sie müssen mir folgen — der Vater verlangt nach Ihnen.

Rechtler geht hinaus.

Seefeld. Komm zu mir. Wen seine Kinder verlassen, der ist allein in der Welt — Du bist unglücklicher, als ich.

Madam Seefeld stürzt in seine Arme.

Schmidt. Nehmen Sie mich als Sohn an, Madam! ich will Ihnen alles seyn, was ich meiner Mutter bin —

Madam Seefeld wendet sich rasch nach ihm, und bedeckt das Gesicht.

Schmidt. Und Ihren Segen verdienen. — Sie sehen mich nicht an — Verstoßen Sie mich?

Madam Seefeld schüttelt den Kopf und drückt seine Hand

Sophie. Meine gute Mutter!

Neunzehnter Auftritt.

Vorige. Ludwig, den Rechtler führt.

Rechtler. Trete Er auch mit in die Reihe der ehrlichen Männer. Er legt ihm die eine Hand in Schmidts, die andere in des Vaters Hand. Da halte Er sich fest an. Nehme Er Vater und Schwager für ein Lineal Seiner Handlungen an; und wenn so der Weltschaum und die Hochmuthsblasen wieder aufsteigen wollen, so trete Er sie in Gottes Namen unter Seinen Fuß. Dann lebt Er wie ein Ehrenmann. Er geht zu Madam Seefeld Sie sind zerschlagenen Geistes, Frau Gevatterin? Gratias! Die Kur ist gemacht, das Wundfieber wird sich geben. Sie erscheinen jetzt wieder als eine feine, gute, ehrliche Hausfrau, und meritiren, daß sich ein alter Degenknopf vor Ihnen bücke, und Ihre Hand zum Munde führe, was ich denn hiermit thue: Er küßt ihre Hand. für die gethane glückliche Hauptkur an dem alten Amico aber, Er führt sie zu ihm: will ich heute noch mit einem schönen Abendliede, mit lauter Stimme gesungen, mein Herz ergetzen; dann mein Haupt sanft niederlegen, und schlafen wie Einer, der seine Sache mit Gottes Hülfe ganz gescheid gemacht hat.

Madam Seefeld umarmt ihn.

Seefeld. Mein treuer Freund!

Sophie. Mein zweyter Vater!

Ludwig. Mein Wohlthäter!

FSC
www.fsc.org
MIX
Papier | Fördert
gute Waldnutzung
FSC® C083411

Kolibri 360 GmbH
Ferdinand-Jühlke-Straße 7
99095 Erfurt, Deutschland
produktsicherheit@kolibri360.de